国家自然科学基金面上项目(52374087)资助
河南理工大学安全学科"双一流"创建工程项目(AQ20230733,AQ20230734)资助
河南省重点研发与推广项目(NSFRF230632)资助

基于透明岩体模型试验的深部岩体 变形破裂时空演化规律与机理研究

林志斌　郝　明　张勃阳　李　强　杨大方　著

U0353918

中国矿业大学出版社

·徐州·

内 容 简 介

本书针对实际工程围岩或当前物理模型内部变形破裂无法直接观测的问题,基于现有透明岩土基础实验方法,研制透明岩体相似材料、研发透明岩体多功能加载试验系统和三维数字照相量测软件系统,在此基础上对深埋圆形巷道围岩内部的变形破裂时空演化规律和机理展开了研究分析。全书章节内容包括绪论、基于透明岩体相似材料的深部巷道模拟试验方案设计、基于透明岩体二维量测的深部巷道变形时空演化规律研究、基于透明岩体三维量测的深部巷道变形时空演化规律研究、基于透明岩体试验的深部巷道破裂时空演化规律研究、深部岩体变形破裂的PFC3D数值模拟研究、深部岩体变形破裂时空演化机理研究、结论与展望。

本书内容可为矿山、铁路、公路等深部地下工程领域研究或工作人员提供参考。

图书在版编目(C I P)数据

基于透明岩体模型试验的深部岩体变形破裂时空演化
规律与机理研究 / 林志斌等著. — 徐州 : 中国矿业大
学出版社,2024. 10. — ISBN 978-7-5646-6400-8

Ⅰ. P541

中国国家版本馆 CIP 数据核字第 2024S58Y56 号

书　　名	基于透明岩体模型试验的深部岩体变形破裂时空演化规律与机理研究
著　　者	林志斌　郝　明　张勃阳　李　强　杨大方
责任编辑	陈　慧
出版发行	中国矿业大学出版社有限责任公司
	（江苏省徐州市解放南路　邮编221008）
营销热线	(0516)83885370　83884103
出版服务	(0516)83995789　83884920
网　　址	http://www.cumtp.com　E-mail:cumtpvip@cumtp.com
印　　刷	江苏凤凰数码印务有限公司
开　　本	787 mm×1092 mm　1/16　**印张** 11.5　**字数** 219 千字
版次印次	2024 年 10 月第 1 版　2024 年 10 月第 1 次印刷
定　　价	49.00 元

（图书出现印装质量问题,本社负责调换）

前　言

　　深部岩体处于"三高一扰动"的复杂地质力学环境中,其变形破裂时空演化规律与机理是事关深部工程稳定控制原理与技术的关键科学问题。然而,由于实际工程围岩或当前物理模型均为不透明材料,岩体变形破裂的直接观测仅限于表面,致使全面细致的岩体变形破裂过程及其复杂力学行为研究受到很大局限。因此,首先围绕现有的透明岩土基础试验方法,研制得到了满足试验应用要求的透明岩体相似材料、透明岩体巷道模型试验装置和以电机为加载方式的透明岩体多功能加载试验系统,并提出了透明岩体人工填充式制斑方法和三维数字照相量测分析方法;然后,采用面向对象的编程语言 Delphi 结合 MATLAB 计算数据库成功研发出了包含图像预处理、特征点检测、相机平面检校和三维坐标求解四大模块的三维数字照相量测软件系统 Photogram_3D;接着,基于透明岩体模型试验和 PFC3D 数值模拟试验重现了深埋圆形巷道的开挖过程,获得了深埋圆形巷道围岩内部的变形破裂时空演化规律;最后,建立了考虑时间效应和岩体剪胀作用影响的深埋圆形巷道弹塑性模型和滑动失稳破坏理论分析模型,在一定程度上揭示了深埋圆形巷道岩体的变形破裂时空演化机理。

　　本书章节内容包括绪论、基于透明岩体相似材料的深部巷道模拟试验方案设计、基于透明岩体二维量测的深部巷道变形时空演化规律研究、基于透明岩体三维量测的深部巷道变形时空演化规律研究、基于透明岩体试验的深部巷道破裂时空演化规律研究、深部岩体变形破裂的 PFC3D 数值模拟研究、深部岩体变形破裂时空演化机理研究、结论与展望。本书内容可为矿山、铁路、公路等深部地下工程领域研究或工作人员提供参考。

　　本书是在中国矿业大学李元海教授的悉心指导下完成的,在出版过程中不仅获得了国家自然科学基金面上项目(52374087)、河南理工大学安全学科"双一流"创建工程项目(AQ20230733,AQ20230734)以及河南理工大学土木工程学科建设项目的资助,在此一并表示感谢!

　　本书虽经多次修改,但限于作者水平,书中难免存在不妥之处,恳请各位同行专家和读者批评指正!

著　者

2024 年 6 月于河南理工大学

目　录

1　绪　　论

1.1　问题的提出

随着我国煤炭资源开采深度的增加及高山地区隧道工程的不断涌现,深部巷(隧)道周边岩体随开挖的稳定性与控制问题日渐凸显,其力学特性与时效特征已成为深部地下工程拟解决的关键科学问题之一[1-3]。

深部巷道的围岩是一种充满着裂隙缺陷且处于"三高一扰动"(高应力、高地温、高岩溶水压和强烈的开挖扰动)的复杂力学环境中的非连续地质结构体。现有研究表明,深部岩体在人工开挖后会表现出与浅部明显不同的非线性大变形、脆-延性转化、分区破裂和破裂后再破裂等复杂特征[4-7],与浅部相比,其内部原生与次生裂隙的张拉与剪错等各种变形在高应力下具有不同的发展模式和表现形态,且具有与空间和时间相关的过程性质,同时,深部岩体应力达到峰值后的变形过程中,其局部剪切变形情况也与破坏过程紧密联系[8]。然而由于实际工程岩体或当前物理模型都是不透明材料,岩体内部变形破裂的发展演化过程无法直接观测,致使岩体内部破裂的时空延展模式、岩体变形破裂过程与其强度的变化关系等关键问题并不完全清楚,围岩安全稳定控制未能有效得到改善,安全生产事故频发。

因此,探索研究透明岩体相似材料内部变形破裂观测试验技术(含数字照相量测方法[9]),并在此基础上进行相关数值模拟以及理论分析,进而获得深部巷(隧)道在开挖卸载过程中的围岩变形破裂演变规律,对于深入揭示深部岩体变形破裂的时空演化机理和建立更加合理的本构模型及强度准则[10]都具有重要的理论意义。同时,对解决深部工程中诸如破裂围岩的加固时机与加固范围等稳定控制及因围岩破裂导致的工程灾害的时空预测问题亦有着十分重要的实用价值。

1.2　国内外研究现状

1.2.1　物理试验

众所周知,在更真实地反映实际工程方面,室内物理试验要优于理论计算和数值模拟[11]而次于原位测试。其中,关于岩体内部变形破裂研究的原位测试方法有钻孔窥视法[12-13]、钻孔冲洗液探测法[14]、测窗法[15]、测线法[16]以及微震监测法[17-18]等。但由于深部岩体所处环境恶劣且存在较大的工序干扰,其钻孔、开窗或传感器布置都存在很大的困难。此外,这些方法都属于"局部型"的内部观测方法,数据量获取有限,岩石力学理论与相关工程技术研究开展相对困难。因此,就目前来看,室内物理实验仍是研究深部岩体变形破裂时空演化规律与机理的重要手段。

通常室内物理试验根据模型一个方向上的长度是否可忽略将其分为平面模型和三维模型,其中平面模型按应力或应变边界的不同可分为平面应力模型和平面应变模型,三维模型则按三个主应力大小的不同分为单轴、假三轴和真三轴试验模型;根据加载(包括荷载、温度、水等)方式的不同其则可分为加载、卸载、循环加卸载、蠕变、抗腐蚀以及抗高温试验等;根据所用材料的不同又可分为原型材料、不透明相似材料和透明相似材料试验;另外根据试件模型的完整性不同还可分为不完整模型(含孔洞、层理、节理或裂隙)试验和完整模型试验。目前,在对岩体的变形破裂过程观测及失稳破坏机理的试验研究方面,大模型以不透明相似材料的平面试验为主,小模型以岩石试件(通常采用原型材料,但需定性或定量分析节理、裂隙等因素对岩体的相关影响作用时,一般选用不透明相似材料)的加、卸载试验为主,并在一定程度上考虑节理裂隙、结构弱面或人工支护结构作用等各种复杂条件的影响,取得了一些有价值的研究成果。

如宋选民等[19](2002年)采用相似材料对不同裂隙间距、倾角、方位和巷道轴向夹角下巷道的稳定性进行了研究,提出了保证巷道稳定的裂隙与巷道间的轴线匹配布置的原则。

Lei等[20](2004年)对包含节理或结构弱面的岩样进行了三轴压缩试验并获得了其声发射时空分布规律,指出与地震的震级和频率相关的参数 b 的长期衰减趋势和短期起伏可以作为不均匀断层岩石破坏的前兆现象。

Son 等[21](2006 年)对不同边界条件下的含天然和人工节理面的岩石试样进行了直剪试验,说明了边界条件对隧道周围节理岩石剪切行为的影响。

赵保太等[22](2007 年)采用室内相似材料模拟方法得到了"三软"不稳定煤层开采后上覆岩层裂隙的横向三区和纵向三带分布范围,并指出其发展演化经历了卸压—失稳—起裂—突变张裂—吻合缩小—加速闭合—裂隙维持—再次加速闭合—完全压实闭合的过程。

Nasseri 等[23](2008 年)对四块颗粒均质分布的花岗岩进行了人字形切槽巴西圆盘试验,指出在不清楚岩石或相似材料微观结构特性的情况下指定其断裂韧度值是非常困难的。

李振华等[24](2010 年)采用普通相似材料对赵固一矿 11011 工作面进行模拟研究后,发现分形维数可以较好地对上三带裂隙的形成、分布、发展进行表征,并且其与覆岩下沉、矿山压力之间呈非线性关系。

Erarslan 等[25](2012 年)采用静态和循环两种加载方式对布里斯班凝灰岩进行试验测试发现,粒间破裂和穿晶破裂共同作用将导致基质破坏而使布里斯班凝灰岩发生断裂损伤,与静态加载破裂相比,循环加载破裂的主要不同之处在于其晶间的裂纹是由粒间破裂引起的。

李树忱等[26](2015 年)采用大尺度三维模型相似试验系统,分析具有一定倾角的多组裂隙的岩体在高地应力下开挖的变形破坏规律。研究发现,隧道上下侧围岩主要呈现大变形现象,左右侧围岩呈现分层破裂现象。

黄达等[27](2019 年)采用法向应力逐渐卸荷而剪切应力保持恒定的直剪试验方法,研究法向应力卸荷条件下裂隙与剪切方向的夹角及应力水平对单裂隙砂岩试样剪切变形、强度及破裂演化的影响规律。

李地元等[28](2021 年)采用万能材料试验机和改进的 SHPB 装置研究了不同加载方式下含裂隙岩石的力学特性和破坏规律。试验结果表明,各加载方式下含裂隙试样的强度、峰值应变和弹性模量均随裂隙角度的增大而增大。

尽管以上这些试验成果为揭示深部岩体的变形破裂机理提供了诸多借鉴或研究依据,但其仍存在不足之处,即物理模型的内部变形破裂过程无法直接观测,只能采取诸如声发射、CT 扫描以及钻孔摄像等技术,而这些都属于接触、间接、局部型的内部观测方法,获得的数据量十分有限,难以满足对内部全域岩体的变形破裂时间效应与空间特征分析的要求,同时在量测元器件的安装性、操作性、稳定性与可靠性等方面都或多或少存在问题。平面物理模型虽然能够采用数字照相量测、裂隙网格等无损方法直接获得岩体内部变形破裂的发展演化规律,但它们仅能对一个平面上的裂隙进行观测,此外,平面模型因为忽略了一个方向上的应力或应变影响,在加卸载作用下,其裂隙发展演化规律也会与实际工程存在一定的偏差。

综上所述,只有通过构思设计新的试验技术,才能解决目前岩体内部变形与破裂无法全场直接观测的难题,为深入研究和揭示深部巷(隧)道围岩变形破裂的时空效应及演变机理[29-30]开辟新的途径。模型试验采用透明岩体相似材料显然是解决"内部变形破裂直接观测"难题的一个新的思路,一旦该项技术得到突破,将可真正对岩体实现由表及里、由点到面的全方位、多角度的三维立体观测,从而能更真实、更全面地研究围岩在各种复杂条件下的基本力学行为规律以及与周围结构物的相互作用机制。

1.2.2 数值计算

相对于室内物理试验而言,数值模拟方法具有成本低、灵活性强、速度快、资料完整度高、不受试验相关条件干扰、重现材料变形破坏过程等优点,加上高速度、大容量个人计算机的快速发展以及岩体变形破裂相关理论的出现与完善带来数值模拟方法的效率、可靠性与逼真性的逐步提高,数值模拟已经成为岩土工程进行相关问题研究的主要手段之一。

由于深部岩体变形破裂具有非均性、非连续、非线性大变形等特征,因此在进行深部岩体变形破裂时空演化规律与机理相关数值模拟研究时,需考虑深部岩体的以上几个变形破坏特性。目前来看,可以采用的数值模拟方法有离散元法[31]、有限元法[32]、边界元法[33]及无单元法[34]等,其中最常用的是离散元法和有限元法,离散元法主要包括离散单元法(UDEC 和 DDA 等)和离散颗粒法(PFC 等),而有限元法则包括有限单元法(RFPA、ANSYS、ABAQUS、LS-DY-NA 等)和有限差分法(FLAC 等)。目前,深部岩体变形破裂相关数值模拟研究成果有:

(1)岩石试件的裂隙扩展演化规律

Zhu 等[35](2006 年)采用 RFPA 对动态和静态荷载作用下巴西圆盘试验的岩石破坏过程进行了数值模拟分析。王国艳等[36](2011 年)采用 RFPA 研究了外界荷载作用下,初始裂隙几何要素对岩石裂隙扩展演化规律的影响。武东阳等[37](2021 年)使用颗粒流软件 PFC3D 研究了不同锚杆锚固角对裂纹扩展的影响,指出随着锚固角度的增加,预制裂隙试块破坏模式由剪切破坏转为拉剪复合破坏,再转变为剪切破坏。

(2) 煤层开采后覆岩的裂隙演化规律

王金安等[38](2008 年)采用分形维数对煤层采动过程中 UDEC 程序计算得到的上覆岩层裂隙分布进行分析,指出覆岩内裂隙闭合、张开裂隙的分形维数都与开采的深度呈线性关系。王国艳等[39](2012 年)采用 RFPA 研究了初始裂隙条件下采动岩体的裂隙演化过程与破坏模式,并分析了采动岩体裂隙的分形维数随初始损伤量、开采宽度的演化特征。魏江波等[40](2022 年)采用 PFC 数值模拟平台构建颗粒流数值采煤模型,模拟分析覆岩微裂隙的发育特征、数量变化规律和力链演化特征,揭示微裂隙的发育规律和地表裂缝发育机理。

(3) 巷(隧)道开挖后围岩的力学特性变化

Yeung 等[41](1997 年)采用 DDA 数值软件分析了不同隧道埋深、节理方向、节理间距和节理摩擦角的组合对隧道稳定的影响。靖洪文等[42](2003 年)采用 DDA 计算程序对不同位移影响因素下巷道周边非连续围岩体的位移变化规律进行研究,指出了地下工程支护的"关键部位"。Kemeny[43](2005 年)利用 UDEC 模拟研究了巷道的失稳破坏过程,指出了导致巷道失稳的一个重要因素。肖红飞等[44](2009 年)在使用 FLAC3D 对巷道开挖过程中煤岩内部的应力场进行模拟分析的基础上研究了电磁辐射信号在巷道开挖过程中的时空演变规律。许国安[45](2011 年)采用 PFC3D 模拟研究了巷道开挖过程中其周边围岩随细观单元参数的变形演化规律。黄龙现等[46](2012 年)先采用蒙特卡洛方法随机生成了可以表征节理岩体裂隙结构信息的网络模型,然后应用 RFPA 分析了裂隙倾角对巷道围岩稳定性的影响。凌同华等[47](2015 年)运用 AN-SYS/LS-DYNA 软件对隧道岩体中含不同充填介质、不同宽度和不同爆源距离的岩溶裂隙进行了数值模拟,得到了岩溶隧道富裂隙围岩爆炸过程中应力波的传播与衰减规律。梁中勇等[48](2020 年)对 5 种层理倾角下的白云岩隧道工况进行了数值模拟分析,得出白云岩隧道受层理影响,22.5°层理隧道围岩位移最大,隧道最大位移发生于隧道与层理交界区域。梁金平等[49](2023 年)为获得卸荷破坏过程中巷道/隧道围岩的细观损伤演化规律及力学响应,使用颗粒离散元法对围岩卸荷内部细观损伤进行了数值模拟,分析了初始应力对围岩破坏及力学特性的影响。

(4) 巷(隧)道开挖后围岩的裂隙演化规律

耿鸣山[50](2010 年)采用 RFPA 再现了不同因素条件下(不同围岩条件、

不同应力状态、不同洞形等）深部岩体硐室的分区破裂形成过程。张爱绒等[51]（2011 年）运用 RFPA 研究得到了大厚度泥岩顶板条件下煤巷围岩裂隙从萌生到扩展,再到贯通,直至破坏的演化规律,揭示了煤巷大厚度泥岩顶板的垮落是由于两帮上方的剪张裂隙与顶板上方的水平裂隙组合成裂隙拱所导致。张向阳等[52]（2016 年）运用数值模拟方法研究了深部煤层上行开采过程中岩层破坏断裂、裂隙演化及下沉变形特征,进一步分析了岩层下沉变形曲线与岩层断裂、裂隙发育和受力状态的关系。邓鹏海等[53]（2022 年）采用有限元-离散元法耦合数值模拟研究了水平层状围岩破裂碎胀大变形机制,并研究了岩体强度参数、变形参数、地应力和隧洞跨度对水平层状围岩破裂模式的影响。

（5）爆破荷载下岩体的破裂规律

Ma 等[54]（2008 年）采用 LS-DYNA 研究了光面爆破关键参数、距自由面距离、地压和软弱结构面对岩石爆破破裂模式的影响。Wang 等[55]（2009 年）采用 LS-DYNA 和 UDEC 模拟了裂隙岩体在爆炸波荷载作用下的动态破裂过程。邰成群等[56]（2023 年）采用 LS-DYNA 软件模拟含竖向单裂隙、水平单裂隙和竖向平行裂隙的岩体爆破过程,并讨论原岩应力对裂隙岩体爆破的影响。

从以上研究成果可以看出,深部岩体变形破裂数值模拟研究的发展趋势为:模拟分析方法和可模拟的相关工程问题由少向多发展;岩体介质的构成从宏观单元到细观颗粒发展,本构则由连续向非连续转变;考虑的工程环境条件（如考虑水、节理或裂隙等的赋存条件或人工结构与围岩的相互作用）则由简单到复杂转变。今后,随着数值模拟方法的不断改进,其在深部岩体变形破裂各方面的研究中将得到更为普遍的应用。但直到目前,深部岩体变形破裂数值模拟研究仍主要集中在深部巷（隧）道开挖支护或煤层开采对深部岩体变形破裂模式和稳定性影响方面,即侧重于对最终结果的比较和分析,对中间过程中岩体的变形破裂发展演化研究则很少,尤其是在深部巷（隧）道开挖方面。因此,采用离散颗粒流软件 PFC 深入研究深部岩体在深部巷（隧）道开挖过程中其变形破裂的时空演化规律,对于解决因围岩破裂导致的工程灾害的时空预测问题具有重要的指导意义。

1.2.3　理论分析

自 20 世纪初人们尝试使用力学原理去揭示一些矿山压力现象,形成了如压力拱、悬臂梁等假说之后,深部岩体变形破裂相关理论经过 100 多年的发展,其在岩石的破裂强度准则、节理岩体的裂隙扩展、巷道周边岩体的分区破裂等方面都取得了较为丰富的成果,为煤炭的安全高效开采作出了突出的贡献。

在岩石的破裂强度准则方面,1900 年莫尔和库仑提出了目前仍最常用的岩石莫尔-库仑屈服准则,解释了岩石的一些破裂现象;1920 年 Griffith[57]基于"裂纹扩展引发岩石破坏"观点建立了格里菲斯强度准则,为深部岩体断裂力学的发展奠定了基础;1980 年 Hoek 和 Brown[58]提出了在地下工程中得到广泛采用的霍克-布朗经验强度准则;1985—1997 年,俞茂宏等[59-60]在总结先前岩体破裂强度理论的基础上,先后提出了双剪应力强度理论、统一强度理论、双剪统一强度理论并在工程上得到了推广应用;2002 年,昝月稳[61]综合考虑以上各准则的优缺点,得到了一个适用于岩体或节理岩体的非线性统一强度准则;2004—2005 年,胡小荣等[62-63]在双剪统一强度理论的基础上对其进行了改进,提出了三剪统一强度准则,避免了双剪统一强度准则中出现的双重破坏角问题。

在节理岩体的裂隙扩展方面,1957 年,Irwin[64]提出的"应力强度因子"概念为节理裂隙扩展的理论研究发展提供了新的思路;此后,Horii 等[65-68]众多国外学者基于室内试验和应力强度因子理论对节理岩体在各种荷载作用下的裂隙起裂与扩展机制进行了分析,为解决岩体工程相关问题提供了宝贵的意见。与国外相比,国内学者在此方面的研究起步相对较晚但发展很快,如谢和平[69](1988 年)采用 Griffith 准则对岩石的破坏进行分析并由此解释了岩体裂隙扩展的一些宏观现象;张振南等[70](2005 年)在裂隙岩体破裂模型建立的基础上,分析了在地震荷载作用下不同节理参数对岩体破裂的影响;王家臣等[71](2006 年)对压剪和拉剪应力状态下裂纹的起裂与扩展进行了研究分析;刘刚(2006 年)[72]采用断裂力学理论得到了断续节理岩体在双向应力作用下的初裂强度、次生裂纹的扩展长度以及断续节理岩体的极限强度;王国艳[73](2010 年)采用断裂力学分析了裂隙角与裂隙扩展角之间的关系;陈松等[74](2018 年)基于 Lemaitre 应变等效假设,考虑宏细观缺陷耦合作用,建立了基于莫尔-库仑准则的宏细观缺陷耦合作用的断续裂隙岩体损伤本构模型;冯强等[75](2024 年)基于常规态型近场动力学理论构建了考虑剪切变形的改进型 OSB-PD 模型,并基于构建的考虑剪切变形的 OSB-PD 模型开展了裂隙岩体在单轴压缩条件下的裂纹扩展演化规律研究。

在巷道周边岩体的分区破裂方面,自 20 世纪 70 年代研究人员首次发现了深部岩体在开挖后会表现出与浅部明显不同的分区破裂现象以后,国内外众多学者便开始对此问题进行深入的探讨。Shemyakin 等[76]（1986 年）在平面应变试验、三维立体模型试验的基础上对深部岩体的分区破裂现象进行了理论研究，首次从力学上解释了深部岩体分区破裂的产生现象，但由于其忽略了开挖卸载与构造应力的影响，因此给出的也仅是粗略的解释。为此，Metlov 等[77-79]先后尝试使用平衡热力学、能量准则、应力体积变化关系去分析深部岩体的分区破裂失稳演化过程，得到了一些重要的结论。但富有历史意义的是，Guzev 等[80]（2001 年）通过建立非欧几里得几何模型，初步将岩体分区破裂特征和非欧几里得参数联系起来，为深入研究深部岩体分区破裂化时空演化机理敞开了一扇大门。此后，钱七虎等[81]（2011 年）在非欧几里得理论的基础上，得到了非静水压力条件下深埋圆形巷道周边连续围岩的应力场分布和破裂判定方法；宋韩菲[82]（2012 年）又在钱七虎等研究工作的基础上系统建立了适用于深埋圆形巷道裂隙围岩的非欧几得模型并分析了其分区破裂机制；陈昊祥等[83]（2017 年）利用连续相变理论结合经典弹塑性理论建立了围岩分区破裂的非线性相变模型，得到了非线性解的 3 种形式。另外，考虑围岩分区破裂的时间因素，李英杰等[84]（2006 年）采用蠕变理论对巷道围岩的分区碎裂化时间效应进行研究，推导得到了能够描述围岩加速蠕变阶段的流变模型；周小平等[85]（2007 年）在对破裂区应力场进行研究的基础上，采用断裂力学理论确定了围岩破裂区的形成时间。

综上所述，虽然上述理论成果均有较大的突破，但由于深部岩体自身的复杂性（如包含各种软弱结构面）和所处环境的恶劣性（"三高一扰动"），目前对深部岩体变形破裂机制的理论研究尚处于初始阶段，一些实质性的基本问题未取得定量或定性的成果，如含各类缺陷的深部岩体开挖卸载后其内部破裂发生的关键时间、内部裂隙的破裂模式与时空演变过程等，理论应用于实际工程具有一定的局限。因此，在物理试验和数值模拟的基础上，采用分形维数、弹塑性力学、损伤及断裂力学等理论（大量研究成果[86-91]表明它们是定性和定量分析岩体裂隙扩展演化的有力工具）对深部岩体内部裂隙的扩展演化过程进行分析，有利于进一步揭示深部岩体变形破裂的时空演化机理和本质，同时，也会对深部岩体稳定性相关研究产生积极的意义。

1.3 主要研究内容与方法

1.3.1 研究内容

本书具体研究内容如下：

（1）透明岩体试验技术。首先采用硅粉配合矿物油进行几种不同性质岩体的透明相似材料试样制备，并实施透明岩体试样的基本物理力学参数测试，然后在此基础上研究透明岩体的变形破裂量测方法（含研发三维数字照相量测软件系统），最后以一个巷道开挖工程为背景，设计其试验方案并研制出相应的试验装置。

（2）深部岩体变形时空演化规律的物理试验研究。制作几组不同的深部巷道透明岩体物理模型，并分别采用二维和三维数字照相量测方法对开挖及加载过程中巷道周边岩体的变形进行观测分析，得到深部岩体变形和破裂随巷道开挖的时空演化规律。

（3）深部岩体变形破裂时空演化规律的数值模拟研究。采用 PFC3D 离散颗粒元软件模拟实际巷道工程开挖以对物理试验模型进行反演分析验证，并进一步研究深埋巷道周边岩体应力、变形以及破裂的时空演化发展规律。

（4）深部岩体变形破裂时空演化机理研究。在对物理和数值模拟试验数据进行分析总结的基础上，建立深部岩体变形破裂理论分析模型以对深部岩体变形破裂特征进行表征和描述，揭示得到深部岩体变形破裂的时空演变机理。

1.3.2 研究方法与技术路线

针对研究内容，拟定研究方法如下：

（1）考虑各类三维数字照相量测相关算法在岩土工程方面的适用性与精度，采用 Delphi 结合 MATLAB 自行研制三维数字照相量测软件系统。

（2）采用类比透明土试验技术的方法，依据相似理论原则，确定透明岩体的试样制备技术，采用自制试验装置和现有实验室设备对透明岩体进行基本力学性质测试。

（3）利用自制试验装置和数字照相量测软件系统进行物理试验，以软岩巷道作为相似岩体原型并利用完善后的数字照相量测软件系统进行变形破裂观测分析，获得巷道围岩内部的变形破裂时空演变规律。

（4）采用 PFC3D 软件对不同侧压系数、不同埋深、不同裂隙分布等条件下的巷道进行数值模拟分析，进一步获得巷道周边围岩内部的变形破裂时空演变规律。

（5）在物理试验和数值模拟的基础上，采用弹塑性等力学理论建立深部岩体变形破裂理论分析模型，揭示深部岩体变形破裂的时空演变机理。

本书技术路线如图 1-1 所示。

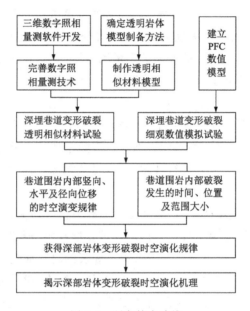

图 1-1　研究技术路线

2 基于透明岩体相似材料的深部巷道模拟试验方案设计

对于深部地下工程物理试验而言,由于其现场取材和材料加工存在诸多不便,难以满足对深部岩体进行各种力学特性测试及相关研究的要求。目前,深部岩体室内物理试验常采用由不同骨料(河砂、铁矿粉、重晶石粉等)和胶结料(松香酒精、石膏、水泥、石蜡、机油等)构成的各种岩体相似材料模拟。这些岩体相似材料虽然具有较多的优点,但由于不是透明材料,致使岩体模型内部的变形破裂无法直接观测,只能采取诸如声发射、CT 扫描以及钻孔摄像等技术,获得的数据量十分有限,难以满足对岩体内部全域的变形破裂时间效应与空间特征分析的要求。因此,为能直观、方便地对岩体模型内部的变形破裂演化过程进行观测,需对透明岩体相似材料进行研制并应用。

2.1 透明岩体相似材料及其基本物理力学性质测试

2.1.1 透明岩体相似材料选择

岩土试样的制备及其与原型材料的相似性是相似材料模拟的两个关键点,对于透明岩体相似材料而言,其透明度和与岩体的强度相似性则是必须解决的两大难题。一般说来,透明岩样由骨料和胶结料配制而成,借鉴透明土研究成果,其骨料可选取的种类有熔融石英砂(粉)、硅粉以及玻璃砂;而胶结料可选取的种类有蔗糖溶液、溴化钙溶液以及矿物油溶液(各材料特性[45]见表 2-1)。骨料与胶结料搭配的原则是两者应同时具有较好的透明性和安全稳定性且折射率应尽量相近或相同。已有结果表明[45],在骨料方面,由于存在杂质影响,熔融石英粉和玻璃砂配制得到的材料透明度较差,而硅粉相对较好;在胶结料方面,矿物油的稳定性要优于溴化钙溶液,更优于蔗糖溶液。因此,决定选用硅粉和矿物油溶液作为本次透明岩体试验研究的主要材料。

表 2-1 透明岩体骨料与胶结料特性参数

序号	材料名称	用途	材料特性
1	熔融石英砂(粉)	骨料	经高温熔炼处理得到的石英制品,纯度高且具有极低的热导率和极好的热稳定性。熔融石英砂密度一般为 2.2 g/cm³,折射率约为 1.46
2	硅粉	骨料	在性能上表现为高纯度、高透明度、低热膨胀系数和很强的耐化学腐蚀等稳定的物理化学物性且具有强大的吸附能力,其密度一般为 2.2 g/cm³,折射率在 1.41～1.46
3	玻璃砂	骨料	外观为细小不规则的颗粒状,密度为 2.5 g/cm³,折射率在 1.5 左右
4	蔗糖溶液	胶结料	蔗糖溶液的浓度从 2.96% 增至 50%(接近上限值)时,折射率相应地从 1.421 7 按线性关系升至 1.450 5,曲线斜率为 0.002 3
5	溴化钙溶液	胶结料	溴化钙溶液的浓度从 47.37% 增至 72.22%(接近上限值)时,折射率相应地从 1.427 9 按线性关系升至 1.492 7,曲线斜率为 0.002 6
6	矿物油溶液	胶结料	由液体石蜡与正十三烷混合而成,折射率随两者的质量配比呈线性增加关系,折射率调节范围介于 1.422 0～1.463 7 之间

(1) 硅粉粒径选择

一般说来,市面上的硅粉粒径在 20 目到 1 500 目之间,为研究硅粉目数对透明岩体相似材料的影响,本书选用四种目数,分别为 10 目、30 目、300 目、1 500 目的硅粉进行配比分析。试验结果表明:① 硅粉目数越大,硅粉间的吸附能力就越强,间接表现为越高的强度特性;② 硅粉目数很小时,其棱角很明显,但目数很大时,其又不容易去除杂质,因此,硅粉目数很大或很小都将使透明岩体相似材料的透明度大打折扣。由图 2-1 可见,这四种粒径的硅粉制得的透明岩体相似材料,以 300 目硅粉配制得到的材料透明度最好。另外,就透明岩体的激光切面数字散斑相关性这一方面来说,要得到透明岩体模型激光切面的数字散斑相关图像,硅胶粉颗粒的大小就需与激光源的线宽相适应,而常用线状激光源的最小线宽一般在 0.5 mm 左右。这就意味着,如使用激光数字散斑方法进行透明岩体模型的内部变形分析,透明岩体模型骨料就不能单独选用 30 目以上(如 300 目)的硅粉,而需选 30 目以下或由这两种不同粒径硅粉相互混合形成的新硅粉。但单独选 30 目以下的硅粉进行试验时,值得注意的一个问题是，其配制得到的透明岩体试样强度会很低，甚至低于砂土。因此，综合考虑透明岩体相似材料的透明度、强度及散斑相关性等关键问题，本书选 300 目（主）和 30 目（辅）的混合硅粉作为透明岩体模型的骨料。

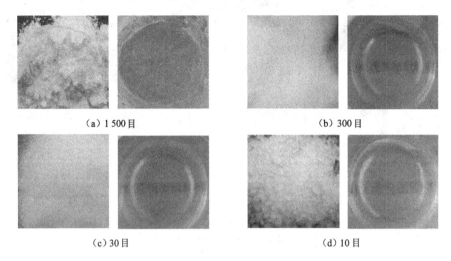

（a）1 500 目　　　　　　　　　　　（b）300 目

（c）30 目　　　　　　　　　　　（d）10 目

图 2-1　由不同粒径硅粉配制出的透明岩体相似材料

（2）矿物油溶液配比选择

矿物油溶液可由液体石蜡和正十三烷按一定的质量比混合配制而成，矿物油溶液的折射率随这两者质量比的不同也在不断变化，在每次透明岩体物理模拟试验时，都应对液体石蜡和正十三烷的最佳质量比进行重新测定，测定的范围约在 $1:(0.83\sim0.86)$。

2.1.2　透明岩体圆柱试样制作

透明岩体试样的制作是解决其透明性与强度相似性两个关键问题的基础。本书采用硅粉与矿物油溶液来配制透明岩体试样，试样制作模具及效果分别如图 2-2 和图 2-3 所示；制作过程包括配料、抽真空、固结、卸载、拆模等 5 个关键步骤，如图 2-4 所示。

另外，为保证透明岩体试样的透明度，在制作透明岩体试样时应注意：

① 采用真空泵和真空箱对透明材料进行抽真空时，需不断晃动真空箱，对透明材料起到振捣的作用，使得透明材料中的气泡更易排出。

② 试样浇模前，应用一层透明薄膜紧贴在模具内壁，防止拆模对试样表面平整度造成破坏，导致透明岩体试样透明度下降。

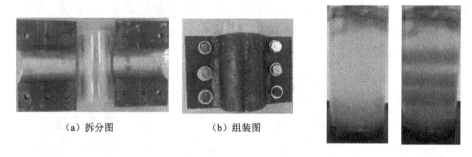

（a）拆分图　　　　　（b）组装图

图 2-2　透明岩体试样制作模具　　　　　图 2-3　透明岩体试样

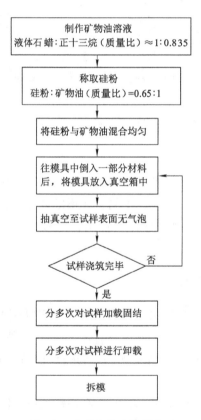

图 2-4　透明岩体试样制作过程

③一次性加载会使透明岩体试样前期排液过多,一次性卸载则会使模具和试样因发生较大回弹而对试样表面造成破坏,这两者都会引起透明岩体试样的

透明度下降。因此,透明岩体加卸载应视固结压力大小分多次进行,如固结时间采用 9 天,固结压力为 1.5 MPa,则加卸压都可分 5 次进行,每隔 12 h 加卸压 0.3 MPa。

2.1.3　透明岩体力学性质测试

本书对不同固结压力以及固结时间下的透明岩体试样进行力学性质测试后发现,透明岩体试样密度约在 1.07 g/cm³ 左右,其单轴抗压强度随固结压力和固结时间的增大而增大。不同固结压力和固结时间下透明岩体试样的相关力学参数如图 2-5 和图 2-6 所示。

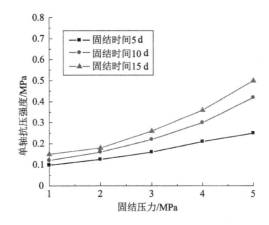

图 2-5　透明岩体试样单轴抗压强度测试结果

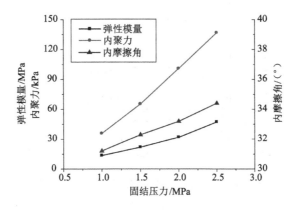

图 2-6　透明岩体试样的弹性模量、内聚力、内摩擦角测试结果

图 2-7 所示为透明岩体试样典型的单轴压缩应力-应变曲线,由图可以看出,透明岩体相似材料与岩石类材料在应力-应变关系上具有较好的一致性,并且在峰值后会出现明显的应变软化段,与软岩和深部高应力环境下围岩变形破坏特征一致。由图 2-8 透明岩体(TM.Y)与膨胀性泥岩[92](PN.Y)的常规三轴试验应力-应变曲线对比可知,透明岩体试样在三轴压缩状态下呈明显应变软化特征,其变形机制虽与膨胀性泥岩一致,但峰值应变要较膨胀性泥岩大 20%,原因是在较大固结压力下硅胶粉颗粒以更紧密的方式堆积。

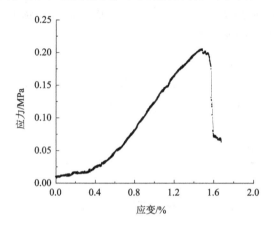

图 2-7　透明岩体单轴压缩应力-应变曲线

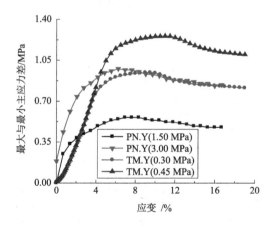

图 2-8　透明岩体三轴压缩试验应力-应变曲线

另外,对试验结束后的透明岩体巷道模型进行切开后写真,如图 2-9(a)所示。由图可以发现,透明岩体巷道模型的破裂特征与石蜡砂子巷道模型十分相近[93]，这也是与透明土的一个重要区别。同时，也说明本书研制的透明相似材料适合模拟岩体（特别是软岩）的变形与破裂特征，是一种有效的岩体相似物理模拟试验材料，可进行深入研究和应用推广。

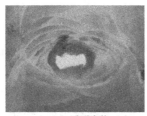 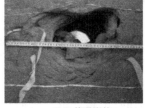

（a）透明岩体　　　　　　　　　（b）普通岩体

图 2-9　透明岩体和普通岩体巷道模型卸载后的破裂特征

2.2　透明岩体巷道模型试验装置与加载系统设计

2.2.1　巷道模型尺寸确定

对于透明岩体材料，由于其所用骨料或多或少会存在一些杂质且不能做到与胶结料的折射率完全一致，致使透明岩体模型的透明度会随尺寸的加大而逐渐降低。通过试验发现，当透明岩体厚度大于 0.15 m 时，可视化效果就不再理想。因此，为了保证模型内部观测面的清晰度，透明岩体模型沿巷道开挖方向的厚度应小于 0.15 m，巷道表面至横向和竖向两个方向的距离也不宜大于 0.15 m。

根据相似理论准则可知，巷（隧）道开挖物理模型尺寸由其与原型工程的几何相似比确定，几何相似比越小，试验结果就越能真实地反映实际工程；但相反的，其试验成本就会更高。综合考虑，一般取巷（隧）道开挖物理模型的几何相似比为 20～50。另外，为便于开挖，将原型巷道简化为圆形，根据圣维南原理[94]以及有关试验结果[95]，当模型横向和竖向尺寸大于巷道直径的 3 倍后，边界效应影响可忽略不计。

综上所述，当圆形巷道开挖直径为 3.0 m 时，取几何相似比为 40，则透明岩体巷道物理模型尺寸可取为：厚 0.12 m，横向宽 0.3 m、高 0.3 m，模型巷道的开挖直径为 0.075 m。

2.2.2　巷道模型试验装置

为了较好地模拟巷道围岩边界条件且保证透明岩体围岩内部的变形破裂

状况不受视线遮挡,本书巷道模型试验装置拟采用"玻璃箱＋外围钢框架"结构,并根据观测平面的不同,分为巷道横断面变形观测试验装置和巷道纵断面变形观测试验装置两种。

（1）横断面变形观测试验装置

巷道横断面变形观测试验装置中,玻璃箱由 5 块 15 mm 厚透明有机玻璃用玻璃胶粘接而成,并考虑巷道开挖和模型排液固结等要求,分别在正面、背面、底部玻璃板上钻 1 个 $\phi75$ mm 的圆孔,1 个 $\phi16$ mm 的小孔以及多个 $\phi2$ mm、间距 12 mm 的排液孔洞。外围钢框架包括 8 根 $\phi10$ mm、1 根 $\phi15$ mm 螺杆和 4 块 15 mm 厚的切割钢板。当对透明岩体进行固结排液时,为防止玻璃箱在高压荷载作用下发生鼓肚变形,外围钢框架由前板、后板Ⅰ与左右两个侧板用 8 根 $\phi10$ mm 螺杆组装而成;当固结完成后,对巷道模型进行开挖时,由于巷道顶部荷载相对较小,为满足数字照相量测技术对模型进行全方位变形破裂量测的要求,外围钢框架由前板、后板Ⅱ（卸掉后板Ⅰ中心处的"十字架"）与左右两个侧板用 8 根 $\phi10$ mm 螺杆组装而成;当巷道开挖完成后,如巷道周边岩体未发生较大变形破裂,则在巷道模型顶部逐步施加荷载直至巷道发生破坏。此时,钢框架由前板、后板Ⅱ、左右两个侧板、8 根 $\phi10$ mm 螺杆以及 1 根从巷道中心位置穿插前后板的 $\phi15$ mm 螺杆组装而成。整个横断面变形观测试验装置如图 2-10 所示。

（a）固结时　　　　　　　　（b）加载时

图 2-10　横断面变形观测试验装置

（2）纵断面变形观测试验装置

为观测模型巷道岩体的纵断面变形,考虑巷道对称性及玻璃板对模型材料的摩擦影响,设计了如图 2-11 所示的纵断面变形观测试验装置。该装置玻璃箱由 5 块 15 mm 厚的透明有机玻璃用玻璃胶粘接而成,其中,正面玻璃板预留了 $\phi75$ mm 的半圆形开挖孔,底部玻璃板则含多个 $\phi2$ mm、间距 12 mm 的排液孔洞；外围钢框架则包括 8 根 $\phi 10$ mm 螺杆和 4 块 15 mm 厚的切割钢板。其中，右侧钢框架设计为组合型式（中间的"一字钢架"拆、装均方便），目的是保证右侧玻璃板在低荷载作用下可观测面积足够大，而在高固结荷载下又不发生鼓肚变形。

图 2-11　纵断面变形观测试验装置

2.2.3　巷道掘进开挖装置

为较好地模拟巷道的掘进开挖过程，本书根据巷道模型试验装置设计出了如图 2-12(a)所示的巷道掘进开挖装置，该装置主要由刀盘、固定盘、丝杆、手轮组成。刀盘的主要作用是切削透明岩体，并使透明岩体从刀盘间的孔洞排出；固定盘的作用是将整个开挖装置固定于巷道模型试验装置上且其上也预留几

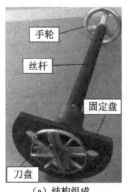

手轮

丝杆

固定盘

刀盘

（a）结构组成

（b）掘进开挖

图 2-12　巷道掘进开挖装置示意图

个孔洞以便削出的透明岩体材料排出,如图 2-12(b)所示;丝杆和手轮的作用是摇动手轮使刀盘能够前后自由移动对透明岩体模型进行开挖,手轮每转一圈刀盘前进或后退 3 mm。另外,为能对不同直径的巷道进行掘进开挖,刀盘与丝杆间通过螺丝固定的方式连接在一起,当对不同直径巷道开挖时,只需替换相应直径的刀盘即可。

在巷道纵断面变形观测试验装置中,由于不能采用圆形刀盘进行掘进开挖,因此选择"圆柱面"(圆柱面的弧度与开挖孔相同)形状的铁片结合小勺进行巷道的开挖,如图 2-13 所示。

图 2-13　"圆柱面"形状的开挖装置

2.2.4　加载试验系统设计

目前岩土工程室内模型试验常采用的加载方式有三种:重力加载、液压缸(含千斤顶)加载以及电机加载。其中,重力加载方式具有结构简单、费用低、可长期恒载等优点,但存在加载操作不便、功能单一、加载能力小等缺点;液压缸加载方式具有加载能力大、功能广以及可电脑控制、操作方便等优点,但存在费用高、容易漏油、不适合长期加载(加载时间大于 1 个月)等缺点;电机加载方式则具有费用低、功能较强和可电脑控制、操作方便等优点,但其加载能力稍小且依赖于电源,也不适合进行长期加载。由于透明岩体试验具有以下两个特点:① 其模型受透明度限制而不可能很大,其固结加载时间约为 1 个月且所需载荷不大;② 由于需对透明岩体试样进行力学性质测试且又要满足透明岩体巷道模型的固结、缓慢加卸载等要求,故其对加载装置的功能要求较高。因此,综合考虑,选择电机加载为透明岩体加载试验系统的加载方式。

如上所述,不管是对透明岩体进行力学性质测试还是对巷道模型进行固结或开挖,透明岩体模型都需安放在一个台面上,这就要求透明岩体试验系统有一个较为宽阔平滑的工作台面和可任意替换不同压板的压头结构。此外,在巷道开挖、加载过程中如还需对透明岩体模型进行不同位置的人工切面激光制斑和数字照相观测,则透明岩体模型四侧不能被试验系统的相关部件所遮挡。综合考虑以上几种因素,本书设计的透明岩体加载试验系统如图 2-14 所示。

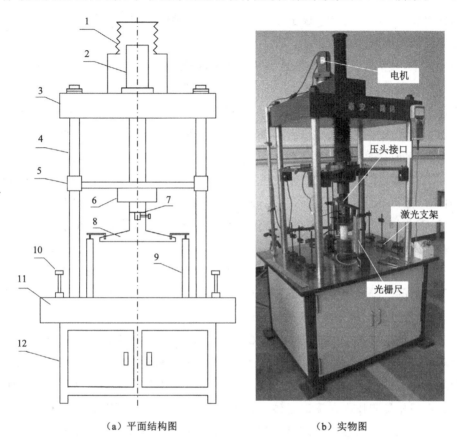

（a）平面结构图   （b）实物图

1—电机;2—滚珠丝杆;3—上横梁;4—圆立柱;5—导向横梁;6—传感器;7—压头接口;8—压头;
9—光栅尺;10—激光支架;11—台座;12—支架。

图 2-14 透明岩体加载试验系统

2.3 透明岩体巷道的变形破裂数字照相测量方法

如果说相似材料是深部岩体变形破裂时空演化规律研究的试验基础,那么变形破裂量测方法则是深部岩体变形破裂时空演化规律获得的关键。最早的时候,受制于科学技术水平和昂贵的试验成本,人们一般是采用应变片、位移计等方式先获得岩体试样的应力-应变变化规律,再据此推断岩石内部的变形破裂演化过程,对于诸如岩体的最初破裂位置、裂隙的发展演变过程与机制等关键问题并不十分清楚。而近年来,随着科学技术的迅猛发展,声发射[96-98]、CT扫描[99-101]、红外探测[102]、数字照相[103]等变形破裂量测技术得到应用,使岩体变形破裂观测研究成为可能。

其中,数字照相量测技术是一种对观测目标进行变形量测或特征识别与分析的现代变形破裂量测技术,主要由获取数字图像的硬件系统(包括数码相机、摄像机、显微镜等)、控制点布设与人工制斑方法、数字图像处理软件系统(数字图像相关算法)三大部分组成。其根据数字图像获取方法与数字图像相关分析算法的不同可分为二维数字照相量测技术和三维数字照相量测技术。二维数字照相量测技术是对不同时刻使用相同照相参数(同一摄像设备、同一角度、同一位置)照得的两幅图像进行对比分析,求出两幅图像中各个相同点的二维位移,进而获得整个观测面的二维变形场和应变场;而三维数字照相量测技术则是基于人眼双目视觉原理,使用两台摄像设备对目标模型进行观测,然后由已知三维空间坐标的控制点,求得两台相机同一时刻拍摄的两张图像重叠部分各个待测点的三维空间坐标,最后,再根据不同时刻的待测点的三维坐标变化情况,得到模型的三维变形场和应变场。

与其他技术相比,数字照相量测技术具有操作方便、无损非接触、全场、直接观测、价格低等优点。国内外一些学者利用该技术在岩体变形破裂演变的全程观测与微观、细观力学特性研究等方面做了许多工作[104-111],这些研究成果说明数字照相量测技术在深部岩体变形破裂时空演化规律研究方面具有其他方法无法比拟的适用性和优越性。但同样的,它也存在不足之处,那就是它的观测区域局限于试验模型的表面及边界,当需对岩体内部的变形破裂进行观测时,只能采取钻孔摄像的手段,此时,数字照相量测技术的应用除了会受到试验条件不同程度上的限制外(如钻孔的方位和角度可能会与压板冲突而不能自由选择,试验过程中孔洞可能会坍塌而导致数字量测技术失效),还会对模型造成局部损坏,致使量测数据反映的目标力学行为存在偏差。而透明岩体试验技术的萌生、发展与成熟,则恰恰能弥补数字照相量测技术在岩体内部进行变形破裂观测方面的不足。因此,采用数字照相量测技术对透明岩体模型进行量测无疑是获得深部岩体内部变形破裂数据的一种新思路,下面就本书研究内容来说明数字照相量测技术在透明岩体试验中的应用。

2.3.1 透明岩体二维数字照相量测方法

（1）图像采集设备

由于数字图像采集的质量与其变形量测分析结果直接相关，因此，本书透明岩体数字图像采集设备有：

① 一台具有 RAW 图片格式的佳能 6D 单反数码相机（最高分辨率为 5 472×3 648 像素）。

② 一台能与相机互相通信的电脑，实现既可使用电脑对相机的采集频率、采集时间及采集效果进行控制，又能将相机采集到的试验图片实时传输至电脑中。

③ 一个可自动调节相机位置的相机三脚架，使相机能正对岩体模型目标观测面进行图像采集并保证图像采集过程中相机的安全稳定。

④ 一对光照均匀且亮度变化小的摄影灯具，保证试验观测过程中模型目标面的亮度和色彩不发生较大变化。

（2）透明岩体人工制斑方法与控制点布设

由于透明岩体模型包含的都是透明颗粒，而数字照相量测技术却要求模型目标观测必须纹理特征丰富，因此，如何采用人工制斑方法实现透明岩体模型目标观测面的图像纹理特征增强就显得尤为重要。一种常用的方法是借鉴透明土体激光制斑技术[112]，使用线状激光光源发出垂直的平面状光束对透明岩体模型进行竖直激光切面，如图 2-15 所示。

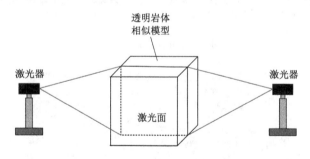

图 2-15 透明岩体激光制斑方法

为此，本书先用 300 目和 30 目的混合硅粉制作一个透明岩体模型，然后采用一对可调节功率为 75 mW 的红外线线状激光源对其进行切面。研究发现，激光切面只有在距模型表面 10 mm 范围内时，才能清楚看到激光切面某一部分的透明岩体颗粒［图 2-16(a)］，当激光切面距模型表面大于 10 mm 时，激光切面上的透明岩体颗粒肉眼将不能分辨[图 2-16(b)]，即此时数字照相量测技术无法对模型这个激光切面进行变形量测分析。这主要是因为透明岩体硅胶粉颗粒在较大的固结压力下发生紧密堆积，激光穿透模型并传出激光切面的能力减弱引起的。如增大激光功率，虽然会使激光的穿透能力得到增强，但同样也会引起激光切面图像过度饱和而失真；此外，激光切面的质量高低还与模型大小直接相关，模型越大，激光的穿透效果将越差。由此可见，透明土体激光制斑方法应用于透明岩体方面时受到较大限制。因此，本书尝试使用另外一种方法对透明岩体模型进行内部人工制斑，该方法是在浇筑透明岩体模型时，对其内部某一个特定面采用同质染色颗粒（相同的硅粉颗粒彩色喷漆处理）进行填充式人工制斑，如图 2-17 所示。这种人工填充式制斑方法的特点是：① 不受模型横向尺寸以及激光源的限制，可直接使用白光进行照明；② 制斑面的图像纹理特征丰富且各处亮度基本一致，能够从中分析得到该面的全场变形；③ 透明岩体模型中这种制斑面只能有一个且该面距观测面玻璃板的距离不应大于 50 mm。

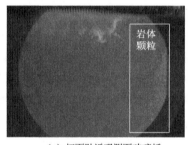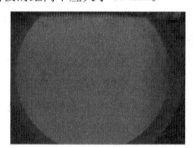

（a）切面贴近观测面玻璃板　　　　　　　　（b）切面远离观测面玻璃板

图 2-16　透明岩体激光制斑效果

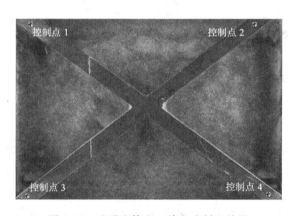

图 2-17　透明岩体人工填充式制斑效果

（3）二维数字照相量测软件系统

当试验所有数字图像采集完毕后，模型目标观测面的变形场与应变场的分析解算就要靠数字照相量测软件系统来完成，因此，可以说，软件系统是整个数字照相量测技术的核心与关键。本书二维数字照相量测软件系统采用李元海教授开发的一套简单易用且功能强大的软件——PhotoInfor 和 PostViewer，如图 2-18 所示。

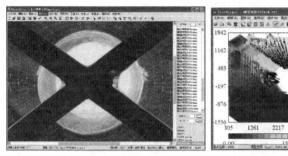

（a）PhotoInfor   （b）PostViewer

图 2-18　数字照相量测软件 PhotoInfor 和 PostViewer

2.3.2　透明岩体三维数字照相量测方法

二维数字照相量测技术应用于透明岩体试验中也同样存在一个不足，即：其只能对一个人工制斑面进行量测分析，而不能同时观测模型内部不同平面上各个目标点的变形，也无法获得模型的离面位移（平行于相机视轴线方向上的位移）。为弥补二维数字照相量测技术对透明岩体三维变形量测的不足，本书引入了三维数字照相量测技术，并对其在透明岩体中的应用进行了研究。

（1）图像采集设备

本书三维数字照相量测技术使用的图像采集设备与二维数字照相量测相同，但由于三维数字照相量测技术是基于人眼双目视觉原理，因此其图像采集设备一般都是成对的，主要包括：

① 一台最高分辨率为 5 472×3 648 像素的佳能 6D 单反相机，一台最高分辨率为 4 368×2 912 像素的佳能 5D 单反相机。

② 两台与相机互相通信的电脑，即每台电脑各连接一台相机。

③ 两个可自动调节相机位置的相机三脚架。

④ 一对光照均匀且亮度变化小的摄影灯具。

（2）透明岩体内部人工制斑与控制点框架布设

三维数字照相量测中,透明岩体的内部人工制斑主要是在不同平面位置布设一些在视准线不发生重叠的散点或纹理,即后面位置布设的散点或纹理不应被前面布设的所遮挡。本书采用直径为 6 mm 的仿珍珠来进行透明岩体的三维散点制斑,如图 2-19 所示。另外,由于三维数字照相量测技术是由控制点的已知三维空间坐标来推算待测点的三维坐标的,因此,三维数字照相量测技术必不可少的一项内容是控制点框架的设计,本书设计的控制点框架结构如图 2-20 所示,主要由不同间距(竖向间距为 80 mm,横向间距为 30 mm)和不同高度的长方体标志台、直板及底座构成。

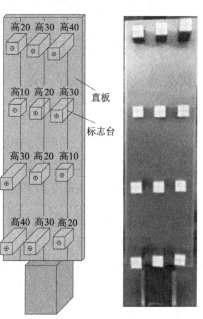

图 2-19　透明岩体内部三维散点布设　　　图 2-20　控制点框架(单位:mm)

（3）三维数字照相量测软件系统

目前,基于双目视觉原理的三维数字照相量测软件系统在国外已经出现,如 ARAMIS 系统和 VIC-3D 系统,然而这些系统的价格都非常昂贵,引进相对困难。相比之下,国内三维数字照相量测软件研究[113-116]相对滞后且大都不是面向对象,功能较为单一,因此使用起来极不方便,难以应用于岩土工程试验。鉴于此,本书决定对三维数字照相量测相关算法进行相关研究,然后采用面向对象编程语言 Delphi 结合数学软件 MATLAB 自行研制得到三维数字照相量测软件 Photogram_3D,并将其应用于透明岩体试验,如图 2-21 所示。

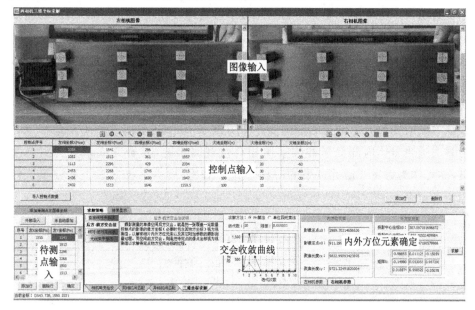

图 2-21　三维数字照相量测软件系统

2.4　深埋巷道模拟试验设计

2.4.1　巷道工程背景

本次试验以一条埋深约 980 m 的软岩巷道为工程背景,该巷道上覆岩层平均重度为 24.5 kN/m³,掘进断面形状为直径 3 000 mm 的圆形;巷道采用爆破法进行开挖且开挖速度为 6 m/d;巷道所处地层则为单一性质泥岩,泥岩的基本物理力学参数如表 2-2 所列。

表 2-2　泥岩基本物理力学参数

名称	单轴抗压强度 σ_c /MPa	抗拉强度 σ_t /MPa	弹性模量 E/GPa	泊松比 μ	内聚力 c /MPa	内摩擦角 φ /(°)
泥岩	21.5	1.28	2.68	0.23	1.8	42.8

2.4.2　模型方案设计

透明岩体材料由于模型透明度和数字散斑形成目前还存在局限,内部变形观测分析不像普通相似材料那样容易实现,因此根据本书主要内容并考虑模型试验的周期,共设计了以下 4 种模型试验方案,如表 2-3 所示。需要说明的是,模型方案 1 和方案 2 的研究内容相同,与方案 2 相比,方案 1 的模型尺寸相对较大,模拟结果要更接近于实际,但因其观测面侧的钢框架板存在对角线肋条,导致该方案的变形破裂可观测范围要小于方案 2。另外,考虑方案 1 是最初设计为解决透明岩体内部变形的数字照相有效观测难题,其研究成果具有重要意义,亦可作为方案 2 研究成果的一种补充与对比,故本书将方案 1 和方案 2 作为两种方案考虑。

表 2-3　模型方案设计表

方案	模型长×宽×高/mm	巷道直径/mm	预制节理	制斑方法	相似比	制作数量/个	研究内容	量测方法
1	400×150×350	90	无	平面制斑	33	2	横断面岩体的变形破裂规律	二维数字照相量测技术
2	300×120×300	75	无	平面制斑	40	2	横断面岩体的变形破裂规律	二维数字照相量测技术
3	155×200×300	75	无	平面制斑	40	2	纵断面岩体的变形破裂规律	二维数字照相量测技术
4	300×120×300	75	无	散点颗粒	40	1	不同位置岩体的真三维变形	三维数字照相量测技术

由于几种方案的模型制作和试验过程都基本一致,考虑篇幅所限,以下仅给出模型方案 2 的具体试验过程。

2.4.3　模型参数选择

众所周知,要使地下工程物理模拟试验得到的物理现象或者相关规律与现场相似,则其模型的材料选用、尺寸大小及加载条件等都需与原型呈一定的比例关系,即物理模型设计需遵循相似理论准则。在相似理论准则中,原型和模型各相同物理量间的比值称为相似比(C)且各相似比间存在如下关系:

$$\begin{cases} C_\mu = C_\varepsilon = C_\varphi = 1 \\ C_{\sigma_c} = C_{\sigma_t} = C_c = C_E = C_X = C_\sigma \\ C_\delta = C_L \\ C_\sigma = C_L \cdot C_\gamma \\ C_T = \sqrt{C_L} \end{cases} \quad (2\text{-}1)$$

式中,各下标的含义分别为:μ 代表泊松比,ε 代表应变,φ 代表内摩擦角,σ_c 代表抗压强度,σ_t 代表抗拉强度,c 代表黏聚力,E 代表弹性模量,X 代表边界面力,σ 代表应力,δ 代表位移,L 代表尺寸长度,γ 代表容重,T 代表时间。

如前所述,本次巷道模拟试验模型的长宽高为 300 mm×120 mm×300 mm,巷道开挖直径大小为 75 mm,透明岩体相似材料的容重大约为 10.7 kN/m³,则本次物理模拟试验的几何相似比 C_L 和容重相似比 C_γ 分别为 40 和 2.29,模拟实际岩体大小为 12.0 m×4.8 m×12.0 m。根据式(2-1)可计算得到模型其他相似比,如表 2-4 所列。

表 2-4 物理模型试验的相似比

物理参数	相似比
位移 δ	$C_\delta = C_L = 40$
弹性模量 E	$C_E = C_\sigma = C_L \cdot C_\gamma = 40 \times 2.29 = 91.6$
泊松比 μ	1
边界面力 C_X	$C_X = C_\sigma = 91.6$
抗拉强度 σ_t	$C_{\sigma_t} = C_\sigma = 91.6$
抗压强度 σ_c	$C_{\sigma_c} = C_\sigma = 91.6$
应变 ε	1
内摩擦角 φ	1
黏聚力 c	$C_c = C_\sigma = 91.6$

由于模型试验很难做到与原型各指标保持相似,加上本次试验所使用的是透明岩体这种特殊的相似材料,因此,为更好地重现巷道周边岩体的变形破裂时空演化过程,以泥岩的单轴抗压强度为主要指标来进行模型材料的配制。于是,模型材料的单轴抗压强度 σ_{cm} 就需为 0.235 MPa。对比图 2-5,如果固结应力太大,容易导致固结卸载后模型回弹太大失去透明效果,故本次试验模型材料都选用固结时间为 30 d、固结应力为 1.0 MPa 的透明岩体相似材料,其基本

力学参数如表 2-5 所列。此外,由边界面力相似比可得,模型巷道开挖过程中,模型顶部应施加的荷载大小为 0.262 MPa。

表 2-5 透明岩体相似材料基本力学参数

材料名称	单轴抗压强度/MPa	侧压力系数	内聚力/MPa	内摩擦角/(°)	弹性模量/MPa	泊松比
固结压力为 1.0 MPa、固结时间为 30 d 的透明岩体	0.235	0.3	0.095	33	30	0.3

2.4.4 模型制作方法

本次深部巷道模型的制作方法如图 2-22 所示,具体制作过程如下:

(1)制作散斑点:采用彩色喷漆罐分别对透明硅粉颗粒(与模型材料同质)进行喷漆处理,形成各种单一颜色的硅粉颗粒,然后将各色硅粉颗粒按相同质量比进行混合,得到混合颜色的硅粉颗粒。

(2)组合玻璃箱:将各块不同尺寸的玻璃板组合成一个不含前面板(模拟巷道起始开挖面)的一个玻璃箱体,并用铁丝将其四周箍紧;其中,为防止铁丝划伤玻璃板,在玻璃箱的四个拐角垫上了一层硬纸,为防止抽真空时岩体相似材料从打排液孔洞的玻璃板中流出,还应在该玻璃板外侧贴上一层透明胶带。

(3)配制材料:首先将液体石蜡和正十三烷溶液按质量比 1:0.835 进行混合得到矿物油溶液,然后根据质量比 0.65:1(硅粉:矿物油)称取相应量的硅粉倒入矿物油溶液中,最后对这三者的混合液进行搅拌,进而初步配制出透明岩体相似材料。

(4)抽真空与制斑:将组合后的玻璃箱体放进真空箱后,先往玻璃箱体中倒入初步配制出的透明岩体相似材料进行抽真空。每次倒入的量约为填满玻璃箱体厚度 2~3 cm,抽真空的时间为 20~30 min。在抽真空过程中,可摇动真空箱以减少抽真空时间并使相似材料均匀分布于玻璃箱中。当模型浇筑高度达到人工制斑面的预定位置时(距箱底约 3.5 cm),需在玻璃箱内均匀撒上一层彩色混合硅粉颗粒,形成人工制斑面。接着,继续往玻璃箱内倒入透明岩体相似材料进行抽真空。但应注意的是,此时,每次往玻璃箱体中倒入的透明岩体相似材料应减少 2/3,防止抽真空时模型内部一次性溢出的气体过多导致散斑面上的彩色硅粉颗粒发生上浮影响制斑面的散斑效果。当模型浇筑位置高出制斑面 3 cm 后,每次往玻璃箱体中倒入的透明岩体相似材料则可适当增多,直至模型整体浇筑完成。

(5)加固玻璃箱:模型浇筑完成后,盖上玻璃箱体的前面板进行模型封顶,然后将前后两块玻璃钢框架用 4 根螺杆连接起来,立正玻璃箱,剪断铁丝,将贴在排液孔洞玻璃板上的一层透明胶带去除,最后将左右两侧的钢框架连接起来后,卸掉玻璃箱的顶板。

(6)模型固结:将透明岩体模型搬到透明岩体加载试验系统上进行固结,固结压力按分级进行加载,并在 3 d 后达到预定压力值 1.0 MPa;在预定压力值加载 30 d 后,进行逐级卸载直至满足巷道开挖时模型顶部应施加的压力边界条件要求。

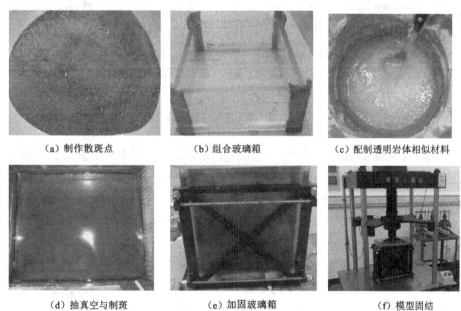

(a)制作散斑点   (b)组合玻璃箱   (c)配制透明岩体相似材料

(d)抽真空与制斑   (e)加固玻璃箱   (f)模型固结

图 2-22 巷道模型制作方法

2.4.5 巷道开挖加载

当巷道模型固结完成后,进行巷道的开挖加载试验,如图 2-23 所示,具体步骤为:

(1)试验准备:试验开始前,首先确保模型顶面恒定加载压力为 0.26 MPa,

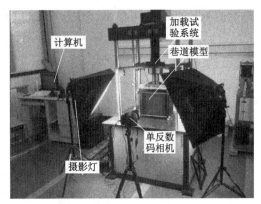

（c）巷道开挖掘进

（a）试验准备

（d）巷道开挖完成

（b）取下封堵块 　　　　　　　　（e）巷道加载破裂

图 2-23　巷道开挖加载过程

然后在模型观测面两侧各布设一台摄影灯保证试验过程中人工制斑面始终光照均匀；同时，在模型观测面正前方约 0.5 m 处布设一台高分辨率数码相机，调整数码相机参数使采集到的图像清晰。

（2）巷道开挖：取下模型前方（背对观测面）的巷道封堵块，将巷道掘进装置固定于模型外围钢框架上，摇动手轮对巷道进行无支护掘进开挖。模型巷道厚度为 12 cm（模拟实际进尺 4.8 m），共分 3 次开挖完成，每次开挖时间为 60 min（10 min 用于巷道掘进，50 min 用于掘进后模型应力调整）。开挖过程中，采用计算机控制数码相机进行图像自动采集，采集频率为 5 s 一张。

（3）巷道加载：巷道掘进开挖完成后，对模型顶部进行分级加载（每级荷载递增 0.12 MPa，时间为 40 min）直至巷道周边岩体发生失稳破坏。加载过程中，也采用计算机控制数码相机进行图像自动采集，采集频率为 10 s 一张。

试验结束后，采用 PhotoInfor 软件对格式转换（RAW 转 BMP）后的一系列巷道开挖加载试验图像进行图像分析，测点网格采用 ANSYS 进行单元划分后导入。

2.5 本章小结

（1）对透明岩体相似材料的基本力学参数进行了测试。基于现有透明岩体基础试验方法，从透明度、强度及散斑相关性三个关键指标出发，研制得到了满足试验应用要求的透明岩体相似材料，同时对不同固结时间、固结压力条件下的透明岩体圆柱试样进行了基本力学参数测试。

（2）研发了透明岩体加载试验系统。以透明岩体相似材料为基础，加工得到了透明岩体巷道模型的试验装置；另外，考虑透明岩体试验本身特点，研制出了以电机为加载方式的透明岩体多功能加载试验系统。

（3）提出了透明岩体内部的人工制斑方法。针对透明土体激光制斑方法应用于透明岩体时存在的问题，提出了透明岩体人工填充式制斑方法，极大提高了透明岩体内部观测面的图像散斑相关性，有效保障了数字照相变形分析结果的精度；另外，针对二维数字照相量测技术应用于透明岩体试验中存在的不足，提出了透明岩体的三维数字照相量测分析方法，为实现透明岩体的真三维变形测量提供了一个新思路。

（4）给出了透明岩体巷道模型的制作和开挖试验方法。说明了透明岩体巷道模型制作、巷道开挖加载方法，为获得模型巷道岩体内部的变形时空演化规律提供了基础。

3 基于透明岩体二维量测的深部
巷道变形时空演化规律研究

  深埋巷道岩体的变形时空演化规律与机理是事关深部工程稳定控制原理与技术的关键科学问题,但在目前的试验研究中,因岩体内部的变形演变过程无法直接观测,致使其获得的变形数据量十分有限,难以满足对岩体内部全域的变形时间效应与空间特征分析的要求。为此,本章基于透明岩体试验新技术,对模型巷道周边围岩的内部变形过程进行全程二维数字照相量测,以期获得深部巷道围岩内部变形的时空演化规律,为揭示深部巷道围岩变形破裂时空演化机理提供依据。

3.1 模型巷道开挖时岩体的变形时空演化规律分析

3.1.1 巷道横断面围岩变形

3.1.1.1 模型 1

  由于制斑面处巷道表面在开挖前难以确定具体位置且其会随开挖逐渐发生破裂,因此,用 PhotoInfor 进行巷道变形分析时,将试验照片顺序倒置,采用由后往前的方式对制斑观测面处的岩体变形进行分析,测点和单元数分别为3 816 和 3 639,如图 3-1 所示。

  (1)竖向位移分布

  巷道开挖几个关键时间段下制斑观测面处岩体的竖向位移分布云图如图 3-2 所示。由于透明岩体内部不可避免会存在一些气泡,试验过程中这些气泡位置可能会发生变化,导致基于数字散斑分析的某些测点变形结果可能会存在误差;另外,试验过程中,玻璃板和钢框架也有可能因模型内部的应力变化而

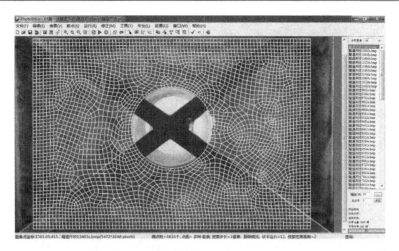

图 3-1 透明岩体巷道模型 1 的测点分析网格

发生一些微小移动,进一步影响测点的变形分析结果。但总体来看,巷道开挖通过制斑观测面前,巷道两帮岩体的竖向位移基本不发生变化,而顶、底板岩体则会产生较小的往巷道内的竖向位移[图 3-2(f)～图 3-2(d)];当巷道通过制斑观测面至开挖结束,巷道顶、底板往巷道内的竖向位移随时间增长很快,巷道两侧拱腰处岩体也因发生破裂产生了较大的竖向位移[图 3-2(d)～图 3-2(b)];巷道开挖结束后,巷道各处岩体的竖向位移随时间变化则很小[图 3-2(b)～图 3-2(a)]。总体来看,不同开挖时间段下,巷道顶、底板岩体的竖向位移都是在拱顶或拱底处最大,往围岩深处则逐渐减小。

图 3-3 给出了整个开挖过程中,巷道顶部和底部不同位置测点的竖向位移历时变化曲线(d 为距模型巷道表面的距离,1G 表示第 1 步掘进开挖阶段,1S 表示第 1 步开挖完成后应力调整阶段……),由图可知:① 相对巷道顶部岩体而言,由于本次模型试验只在巷道顶面进行加载,底板岩体距加载面较远且中间被巷道隔开,导致巷道底部各处岩体的竖向位移变化小于顶部相应位置的岩体。② 各分步巷道岩体的开挖都会引起制斑观测面处巷道顶、底部岩体发生较大的竖向位移变化,尤其是第 3 步巷道开挖通过制斑观测面位置时;在各分步应力调整阶段,岩体的竖向位移则基本保持不变。这主要是因为在各分步开挖阶段(特别是第 3 步),巷道周边岩体的径向应力卸载幅度都较大,从而使岩体发生了较大的径向卸载变形和剪切破裂膨胀变形。③ 总体而言,随着巷道的前进开挖,巷道顶、底部各处岩体的竖向位移值将逐渐增大,且距巷道表面距离越近,其值变化越明显,即当巷道开挖结束后,巷道顶、底部岩体的最大竖向位移

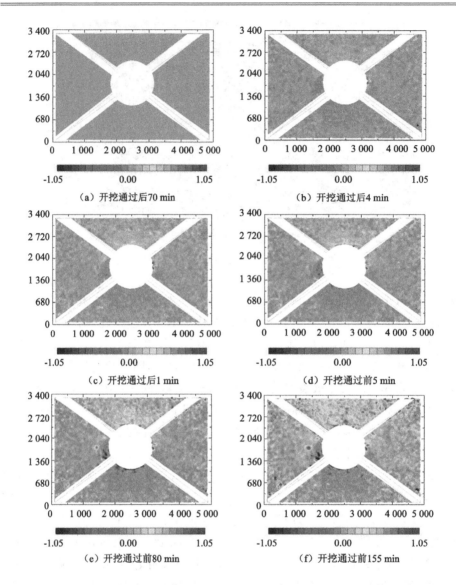

(a) 开挖通过后70 min　　　　　　　(b) 开挖通过后4 min

(c) 开挖通过后1 min　　　　　　　(d) 开挖通过前5 min

(e) 开挖通过前80 min　　　　　　　(f) 开挖通过前155 min

图 3-2　不同开挖时间段下巷道横断面岩体的竖向位移分布云图(坐标单位:mm)

将分别位于巷道的拱顶与拱底位置,其值分别为 0.77 mm 和 0.35 mm。

　　(2) 水平位移分布

　　图 3-4 为巷道开挖几个关键时间段下制斑观测面处岩体的水平位移分布云图。由图 3-4 可见,巷道在开挖通过制斑观测面前[图 3-4(f)~图 3-4(d)],制斑面处岩体的水平位移基本保持不变。巷道在开始通过制斑观测面至开挖结束

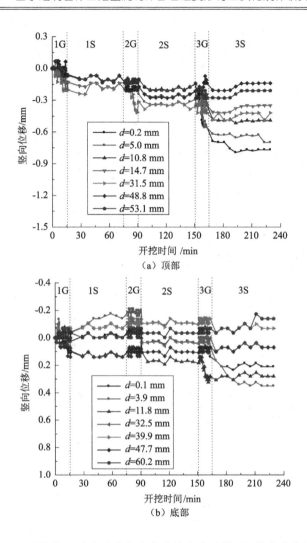

图 3-3　巷道顶、底部岩体竖向位移随巷道开挖时间的变化曲线

的这一段时间内[图 3-4(d)~图 3-4(b)]，制斑观测面处巷道两侧拱腰处的浅部岩体因发生破裂而产生了向巷道内的水平位移且该位移值将随着巷道向前开挖而逐渐增大。除该位置外，其余位置的岩体水平位移随巷道开挖变化则很小。另外，也可看出，在这段时间内，由巷道两侧拱腰处往岩体深处，巷道周边岩体的水平位移值逐渐减小。当巷道开挖结束后[图 3-4(b)~图 3-4(a)]，在顶部荷载下，模型制斑观测面处各处岩体的水平位移基本保持不变。

制斑观测面处巷道左帮几个测点的水平位移随巷道开挖的历时曲线如

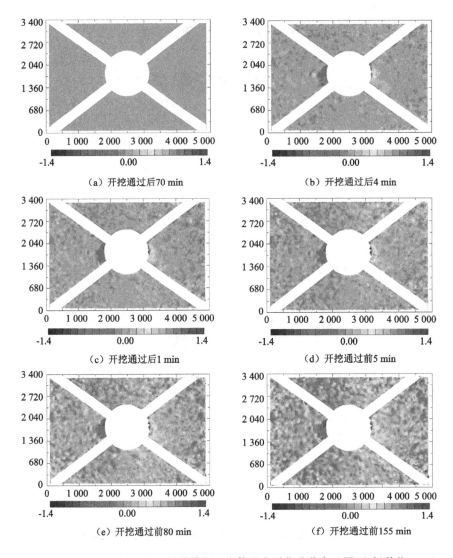

图 3-4　不同开挖时间段下巷道横断面岩体的水平位移分布云图（坐标单位：mm）

图 3-5 所示，可以看出：① 与巷道顶、底板类似，巷道帮部岩体的水平位移在各分步（尤其是第 3 步）开挖阶段变化较大，在各分步应力调整阶段则基本不变；② 当巷道开挖通过制斑观测面位置时，巷道拱腰处 20 mm 内的岩体发生了破裂，导致巷道两帮岩体的水平位移主要发生在 $d < 22$ mm 的区域，$d > 22$ mm 外则很小；③ 整体来看，巷道帮部岩体往巷道内的水平位移将随巷道前进开挖而逐渐增大，且距巷道表面距离越近，其值增长越快，当巷道开挖结束后，巷道左

帮拱腰处的水平位移约 1.46 mm。

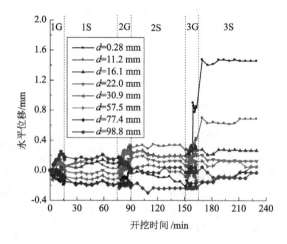

图 3-5 帮部岩体水平位移随开挖时间的变化曲线

对巷道开挖结束后,巷道顶部和帮部岩体的径向位移(往巷道内为正)进行拟合,结果如图 3-6 所示。

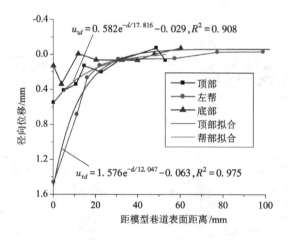

图 3-6 巷道开挖完成后周边岩体径向位移分布图

由图 3-6 可见,巷道顶部、帮部及底部的岩体径向位移 u 与其距巷道表面的距离 d 大体都呈指数衰减关系,其中:巷道顶部岩体径向位移 u_{td} 与 d 的关系式为 $u_{td}=0.585\mathrm{e}^{-d/17.816}-0.029$,$R^2=0.908$;巷道帮部岩体径向位移 u_{rd} 与 d 的关系式则为 $u_{rd}=1.576\mathrm{e}^{-d/12.047}-0.063$,$R^2=0.975$。另外,也可看出,巷道左腰的径向位移要大于拱顶,这主要是因为巷道左腰发生了剪切破裂,导致破裂区域的岩体发生了剪切膨胀,其径向位移也大于不发生破裂而只产生卸载变形的拱顶。

（3）最大剪应变分布

最大剪应变是反映围岩变形破裂状况的重要指标之一,巷道开挖过程中,制斑观测面处岩体的最大剪应变云图如图3-7所示。

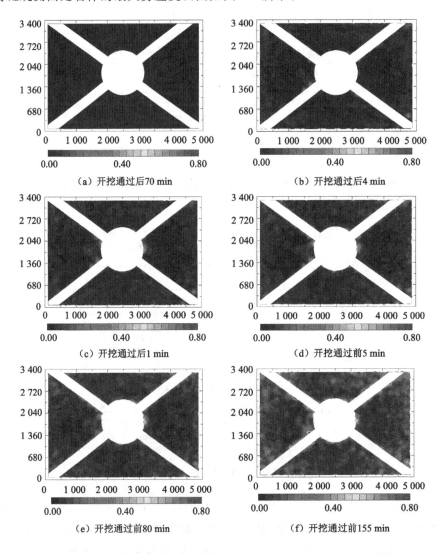

图 3-7　不同开挖时间段下巷道横断面岩体的最大剪切应变云图(坐标单位:mm)

由图 3-7 可见,制斑观测面上岩体的最大剪应变始终出现在巷道的两侧拱腰附近,其余位置岩体的剪应变都很小;从岩体最大剪应变随巷道开挖的变化过程上看,制斑观测面岩体在拱腰附近的最大剪应变是在巷道开挖通过该平面位置后的 10 min(对应实际 1 h)内迅速增长形成的,在其他时间段则几乎不发生变化。因此,对于不存在构造应力(侧压系数小于1)的深埋圆形巷道,应对巷道的两帮进行重点支护且支护应在巷道开挖通过后的 1～2 h 内完成。

3.1.1.2 模型 4

模型 4 同样采用将试验照片顺序倒置,然后由后往前的方式对制斑观测面处岩体的变形进行分析,其测点数和单元数分别为 3 116 和 2 965,如图 3-8 所示。

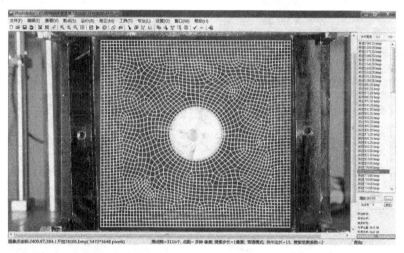

图 3-8 透明岩体巷道模型 4 的测点分析网格

（1）总位移

几个关键时间段下巷道开挖制斑观测面处岩体的总位移分布云图如图 3-9 所示。如果不考虑模型外侧(因试验在模型外侧的照射光线相对较暗,该处颗粒散斑效果较差,导致数字图像分析结果也较差)而只关注巷道周边一倍洞径内的岩体时,则不难看出,巷道在开挖通过制斑观测面前[图 3-9(f)～图 3-9(e)],制斑面处岩体都基本不发生变形;在巷道开挖通过后的 5 min 内[图 3-9(e)～图 3-9(b)],由于巷道周边岩体分别在巷道两侧拱腰附近以及巷道左下位置发生了破裂,使得这三处的岩体位移迅速增大,其余位置岩体的位移变化则随开挖变化不明显;当巷道开挖通过 5～15 min 后[图 3-9(b)～图 3-9(a)],制

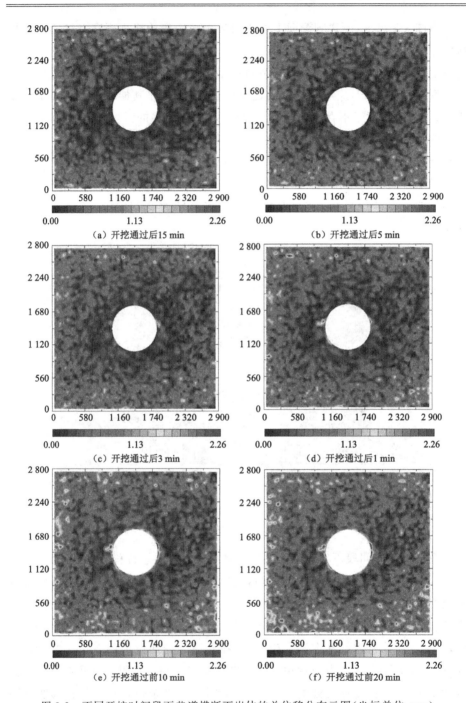

图 3-9　不同开挖时间段下巷道横断面岩体的总位移分布云图(坐标单位:mm)

斑观测面各处岩体位移发展基本保持稳定。

由于制斑观测面处岩体的位移主要发生在巷道第 3 步开挖掘进阶段,所以图 3-10 给出了巷道第 3 步开挖前后巷道表面几个特殊点的相对位移(最后一幅图像为参考图像,其位移设为 0)变化曲线。由图可知,巷道表面几个特殊点的位移都是在第 3 步开挖掘进阶段迅速增大的,在这个阶段,巷道拱顶和拱底都以发生竖向位移为主,且因只在模型顶部加载,拱顶的竖向位移要大于拱底;而巷道左腰、右腰以及左下由于都发生了破裂,它们的位移增长速率最快,其中左腰和右腰都以发生竖向位移为主,左下以水平位移为主;左上、右上、右下这几

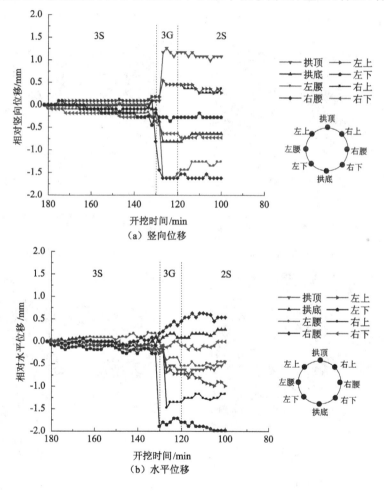

图 3-10　巷道表面岩体位移随开挖时间的变化曲线

个位置的位移变化则相对较小。当巷道开挖结束后,巷道左下、左腰和右腰处位置岩体的总位移最大,接下来是拱顶和右上位置岩体,其次是左上位置岩体,最后是拱底和右下位置岩体。

(2) 最大剪应变

为更全面反映巷道周边岩体在巷道开挖过程中的变形破裂情况,图 3-11 给出了不同开挖时间段下巷道制斑观测面处岩体的最大剪应变云图。在只关注巷道周边一倍洞径内的岩体剪应变变化情况下,可知,其与巷道周边岩体的总位移变化情况相似,巷道周边岩体最大剪应变变化最明显的阶段是在巷道开挖通过制斑观测面处的 1~5 min 内,即在巷道开挖通过 1~3 min 时

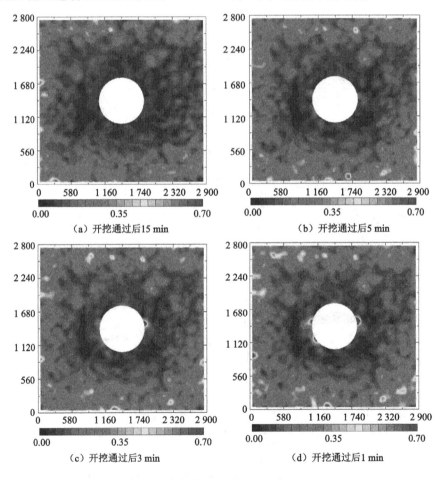

图 3-11　不同开挖时间段下巷道横断面岩体的最大剪应变云图(坐标单位:mm)

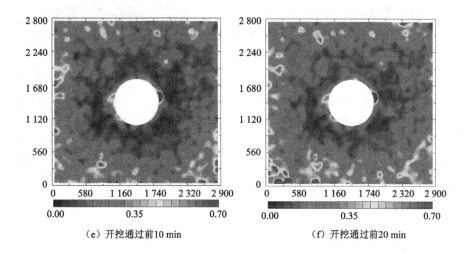

（e）开挖通过前10 min　　　　　　　（f）开挖通过前20 min

图 3-11（续）

[图 3-11（d）～图 3-11（c）]，巷道岩体首先在左帮拱腰处和左下位置处发生变形破裂，该位置岩体最大剪应变迅速增大；在巷道开挖通过 3～5 min 时[图 3-11（c）～图 3-11（b）]，巷道岩体接着在右帮拱腰处发生变形破裂，该处岩体最大剪应变也迅速增大。对比这三处岩体最大剪应变的增大值及范围来看，左帮拱腰处岩体的破裂深度（沿巷道径向）较大但破裂宽度（沿巷道切向）较小，而右帮拱腰处岩体破裂深度较小但破裂宽度较大，其破裂程度也最为严重。

图 3-12 为巷道第 3 步开挖前后巷道表面几个特殊点的相对剪应变（最后一

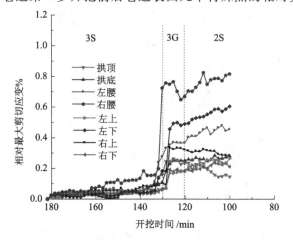

图 3-12　巷道表面岩体剪应变历时变化曲线

幅图像为参考图像,其最大剪应变设为 0)变化曲线。巷道表面各处岩体的最大剪应变都在巷道第 3 步开挖过程中迅速增长,其中,巷道左腰、右腰和左下这三处岩体的剪应力增长幅度最大,对应于实际模型分别在这 3 处都发生了变形破裂(图 3-13);并且由图 3-12 可知,巷道左下和右腰岩体的最大剪应变增长速率是分别在第 126 min 和第 130 min 时瞬间升高的,说明这两处岩体的变形破裂扩展更具有突发性。

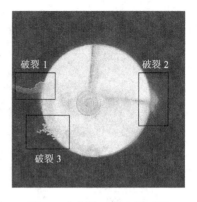

图 3-13　岩体开挖变形破裂

3.1.2　巷道纵断面围岩变形

模型 6 巷道纵向长度为 200 mm,共分 5 次开挖,每次开挖 40 mm,开挖时间为 60 min(10 min 用于巷道掘进,50 min 用于掘进后模型应力调整)。其制斑面距观测面玻璃板约 5 mm,目的是消除玻璃板摩擦对岩体纵断面变形的影响,变形分析采用的网格如图 3-14 所示,测点数和单元数分别为 2 337 和 2 240。

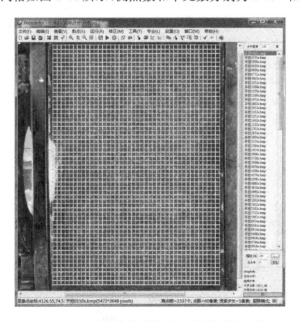

图 3-14　透明岩体巷道模型 6 的测点分析网格

（1）总位移

巷道每步开挖完成后，模型 6 制斑观测面处岩体的总位移分布云图如图 3-15 所示。巷道每步开挖完成后，巷道纵断面岩体的最大位移总是出现在工作面的中心位置，且由该位置往巷道掘进方向，岩体的位移值将逐渐减小；沿模型竖向，巷道拱部和底部岩体随开挖主要以竖向位移为主，且竖向位移最大位置都是位于巷道的拱顶和拱底处，由拱顶和拱底位置往围岩深处，巷道顶部和底部岩体的竖向位移将逐渐减小；另外，由于存在端面摩擦影响，沿模型纵向，巷道顶部和底部岩体的位移一般是在已开挖完成段的中间位置最大、在两端则最小。

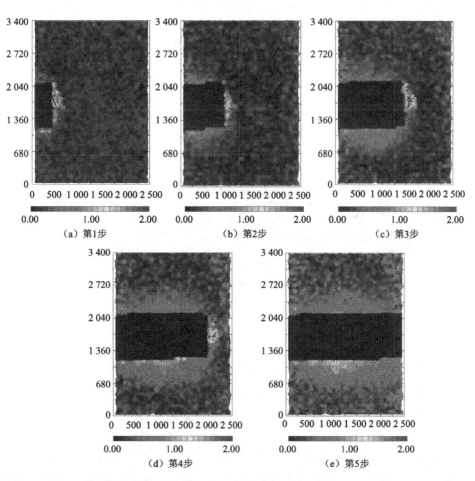

图 3-15　不同开挖分步下巷道纵断面岩体的总位移分布云图（坐标单位：mm）

图 3-16 给出了每步开挖完成后,模型纵向中间处巷道顶部和底部岩体的竖向位移分布曲线。

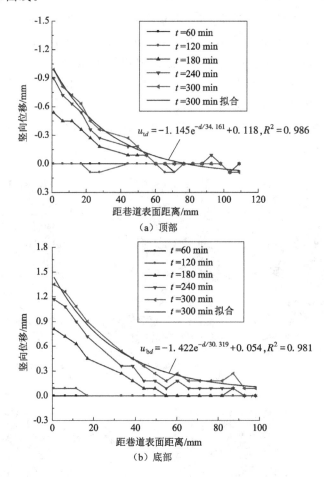

（a）顶部

（b）底部

图 3-16　不同开挖时间下巷道顶、底部岩体的竖向位移分布曲线

由图 3-16 可以看出,该处岩体在巷道开挖通过该位置前($t<120\text{ min}$),其竖向位移基本不发生变化;在巷道开挖通过该位置时($120\text{ min}<t<180\text{ min}$),其竖向位移迅速增大,且越靠近巷道表面,其增长幅度越大;随着巷道的继续向前开挖($120\text{ min}<t<180\text{ min}$),该处岩体竖向位移虽然也会增大,但增大的速度却越来越小。不同分步开挖后,巷道顶部和底部不同位置岩体的竖向位移从数值上看,岩体的竖向位移 u 与其距巷道表面的距离 d 呈指数衰减关系,其中巷道第 5 步开挖完成后,模型中间位置巷道顶部岩体的竖向位移 u_{td} 与 d 的关

系式为 $u_{td} = -1.145e^{-d/34.161} + 0.118, R^2 = 0.986$，巷道底部岩体的竖向位移 u_{bd} 与 d 的关系式为 $u_{bd} = -1.422e^{-d/30.219} + 0.054, R^2 = 0.981$。

　　各分步开挖后巷道竖向中轴线位置岩体的水平位移分布曲线如图 3-17 所示，由图可见，巷道的开挖只会对前方工作面中心约 10～20 mm(对应实际 0.4～0.8 m)内的岩体水平位移产生较大影响，并且距工作面越近的岩体，其水平位移也越大。由图 3-18 可知，巷道顶、底部岩体位移在各分步开挖掘进阶段变化较

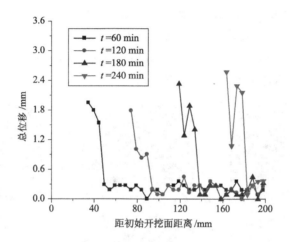

图 3-17　不同开挖时间下巷道竖向中轴线位置岩体的水平位移分布曲线

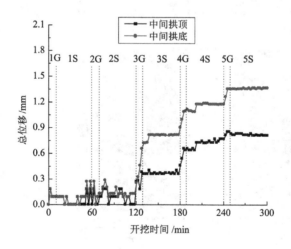

图 3-18　模型纵向中间处拱顶和拱底位置岩体的总位移历时曲线

大,在各分步应力调整阶段变化很小;从各分步开挖掘进阶段岩体的位移变化大小来看,岩体位移在巷道开挖通过该位置时增长最快,在通过后增长速度逐渐减小,在通过前增长速度最小。本模型巷道第 5 步开挖结束后,模型中间位置巷道拱顶和拱底的总位移大小分别为 0.81 mm 和 1.32 mm。

(2) 最大剪应变

巷道每步开挖完成后,模型 6 制斑观测面处岩体的最大剪应变云图如图 3-19所示。由图可知,巷道每步开挖完成后,巷道纵断面岩体的最大剪应变总是在工作面中心位置处最大,在其他位置则都相对很小。这说明巷道的每步开挖只会引起工作面中心处的一小部分岩体发生变形破裂,如图 3-19(f)所示,对巷道顶、底部岩体的变形破裂影响不大。

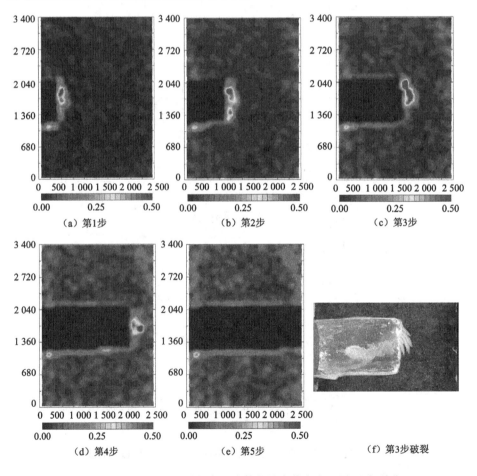

图 3-19 不同开挖时间下巷道纵断面岩体的最大剪应变云图(坐标单位:mm)

3.2 模型巷道加载时岩体的变形时空演化规律分析

3.2.1 巷道横断面围岩变形

3.2.1.1 模型 1

模型 1 巷道开挖完成后,对其顶部继续进行加载,加载速率为 9.3 kPa/min,顶部荷载随时间变化曲线如图 3-20 所示。图中顶部荷载随时间出现瞬间跌落回弹的位置代表此时模型发生破裂扩展或外围钢框架和玻璃板因试验压力变化而进行的一些移动调整。可以看出,顶部荷载在 0.55~0.70 MPa 这段时间内,其瞬间跌落回弹最为频繁,表明模型巷道周边岩体在这段时间内变形破裂扩展可能最为迅速。

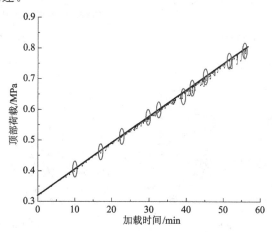

图 3-20 模型 1 顶部荷载随试验时间的变化曲线

（1）竖向位移

图 3-21 为不同顶部荷载作用下,模型 1 制斑观测面处岩体的竖向位移分布云图。由于只在模型顶部对巷道进行加载,因此,随着顶部荷载的增加,巷道顶部和底部岩体的竖向位移虽然都逐渐增大,但巷道顶部竖向位移变化要比底部明显得多。不同顶部荷载作用下,巷道顶部岩体的竖向位移总是在拱顶附近出现最大值,并由该位置往围岩深处,其值逐渐减小,但减小幅度相对很小,这表明巷道顶部岩体随顶部荷载增大,其位移以整体性滑动为主。由图 3-21(e)可知,巷道顶部岩体可能是沿巷道两侧拱腰斜向上 33°~37°的两条弧线向巷道内

发生滑动的,这点也可以从图中制斑观测面岩体的位移矢量变化情况看出。此外,巷道两帮浅部岩体随着荷载增大,其破裂程度和破裂范围也逐渐增大,在图3-21中表现为竖向位移呈无规律性(具有突发性)地增大,而巷道两帮深部岩体则因荷载是从模型上部往下传递的,因此,随荷载增大,竖向位移也会向下缓慢增大,进而缓慢挤压巷道底部的岩体,使底部岩体向模型巷道内发生隆起。

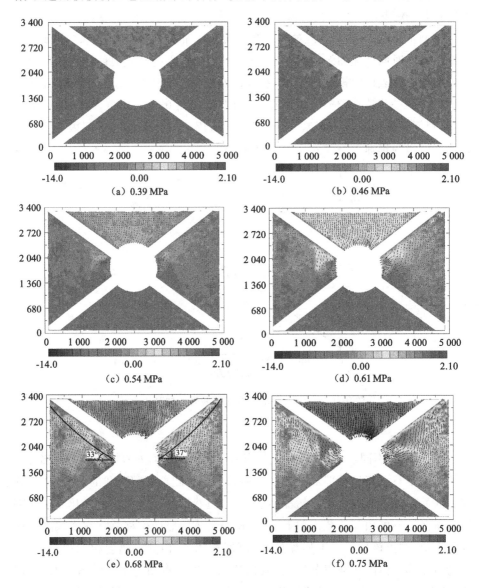

图 3-21 模型 1 不同顶部荷载下巷道横断面岩体的竖向位移分布云图(坐标单位:mm)

不同顶部荷载下,制斑观测面处巷道顶、底部岩体的竖向位移分布曲线如图 3-22 所示,可以看出,随着顶部荷载的增大,巷道顶、底部岩体的竖向位移将逐渐增大且增大速率相对越来越快,其中顶部的变化比底部明显。不同荷载作用下,巷道顶、底部岩体的竖向位移 u 与其距巷道表面的距离 d 都大体呈指数衰减关系,其中,当模型顶部荷载为 0.75 MPa 时,巷道顶部岩体径向位移 u_{td} 与 d 的关系式为:$u_{td} = -3.492\mathrm{e}^{-d/19.414} - 9.75$,$R^2 = 0.948$。

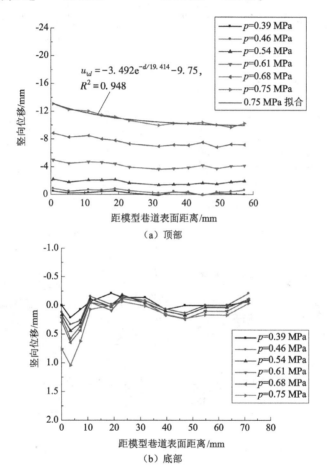

图 3-22　模型 1 不同顶部荷载下巷道横断面顶、底部岩体的竖向位移分布曲线

(2)水平位移

不同顶部荷载作用下模型 1 制斑观测面处岩体的水平位移分布云图如图 3-23所示。由图可知,巷道开挖后,巷道横断面周边岩体的水平位移主要发

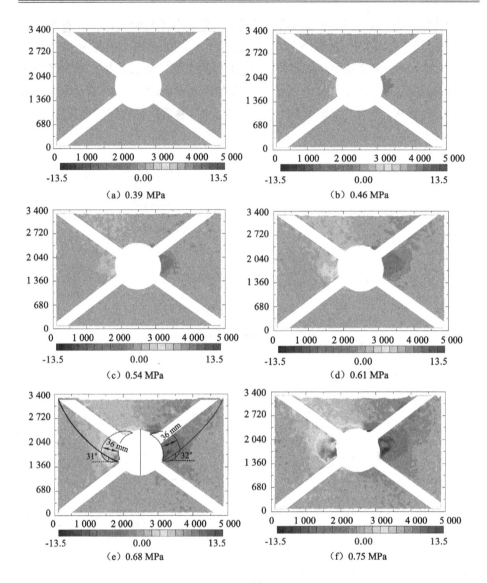

图 3-23　模型 1 不同顶部荷载下巷道横断面岩体的水平位移分布云图(坐标单位:mm)

生在两侧的拱腰附近,随着顶部荷载的增大,巷道两侧拱腰的水平位移将逐渐增大且快速往巷道拱顶方向扩展。当巷道顶部荷载大于 0.61 MPa 时,周边岩体水平位移主要集中发生在巷道表面左上或右上约 36 mm 范围内的区域[图 3-23(e)]。这进一步表明,随着顶部荷载的增加,巷道顶板岩体将可能沿着巷道两侧拱腰斜向上 30°左右的两条弧线向巷道内发生滑动,导致巷道失稳破坏。分析该原因,可能是随着巷道顶部荷载的增加,巷道两帮岩体破裂逐渐往深处及拱顶扩展,其破裂程度和破裂范围逐渐增大,该部分岩体承载能力逐渐增低,导致巷道顶部岩体在拱腰处的"立足"不稳,于是在顶部不断增大的荷载作用下就会发生类似于边坡的滑坡失稳现象。

图 3-24 为巷道右帮岩体水平位移随顶部荷载的变化曲线,由图可见,随着模型顶部荷载的增大,右帮各处岩体的水平位移将逐渐增大,如果不考虑模型巷道右帮 20 mm 处的岩体随顶部荷载发生严重破裂,数字照相量测技术对该部分的变形结果分析存在较大误差外,可以看出,不同荷载作用下巷道右帮岩体的水平位移 u_{rd} 将与其距巷道表面的距离 d 呈指数衰减关系,其中,当模型顶部荷载为 0.75 MPa 时,u_{rd} 与 d 的关系式为 $u_{rd} = -25.279e^{-d/19.17} + 0.065$,$R^2 = 0.988$。图 3-25 为巷道拱顶、拱底、左腰和右腰处岩体径向位移随顶部荷载的变化曲线,由图可知,这 4 个位置岩体的径向位移 u 都与顶部荷载 p 呈指数递增关系,其中巷道拱顶岩体的径向位移 u_{tp} 与 p 的关系式为 $u_{tp} = -20.163/(1 + e^{(p-0.698)/0.082}) + 20.131$,$R^2 = 0.999$,巷道右腰岩体的径向位移 u_{rp} 与 p 的关系式为 $u_{rp} = -11.109/(1 + e^{(p-0.696)/0.102}) + 10.648$,$R^2 = 0.997$。

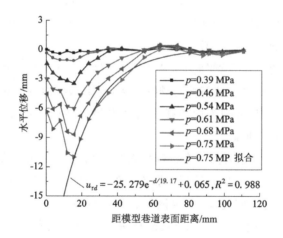

图 3-24 模型 1 不同顶部荷载下巷道横断面右帮岩体的水平位移分布曲线

(3) 最大剪应变

不同荷载作用下模型 1 制斑观测面处岩体的最大剪应变云图如图 3-26 所示。与水平位移云图类似,当模型顶部荷载小于 0.46 MPa 时,巷道周边岩体最大剪应变在两帮拱腰处最大,表明此时巷道周边岩体的破裂主要发生在两帮拱

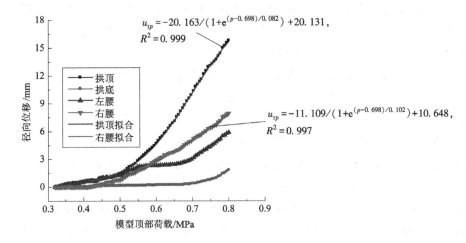

图 3-25　模型 1 巷道表面岩体径向位移随模型顶部荷载的变化曲线

腰处,如图 3-26(b)所示。随着顶部荷载的增大,巷道两帮岩体的破裂将逐渐往拱顶扩展,表现为巷道左上和右上位置岩体的最大剪应变迅速增大,如图 3-26(c)所示。当顶部荷载达到 0.61 MPa 时[见图 3-26(d)],除巷道两帮拱腰、左上和右上这些区域的剪应变继续增大外,巷道两侧拱腰斜向上两条弧线岩体的最大剪应变也开始迅速增大,说明此时,巷道顶部岩体已经开始沿着这两条弧线向巷道内发生滑动。随着顶部荷载的继续增大,巷道顶板沿着两条弧线向巷道内滑动的趋势愈加明显,表现为两条弧线岩体的最大剪应变都在快速增大,最终导致巷道发生严重变形破坏。

图 3-27 给出了巷道表面 4 个特殊位置岩体剪应变随顶部荷载的历时变化曲线。由图可知,在整个加载阶段,巷道两侧拱腰岩体最大剪应变出现了 3 次迅速增长的现象,这意味着,巷道两侧拱腰岩体分别在这 3 个时刻都发生了突发性的破裂增长。而巷道拱顶和拱底岩体最大剪应变只发生一次迅速增长,且增长的时刻要相对靠后,说明在顶部不断增加的荷载下,岩体的破裂是从两帮拱腰逐渐向拱顶或拱底扩展的,且两帮岩体的破裂程度和破裂范围都要远大于拱顶或拱底。

3.2.1.2　模型 4

模型 4 巷道开挖完成后,为使模型顶部的应力能够较好地传递至模型底部,对模型顶部进行分级加载,每级加载 0.12 MPa(加载 10 min,保载 30 min),如

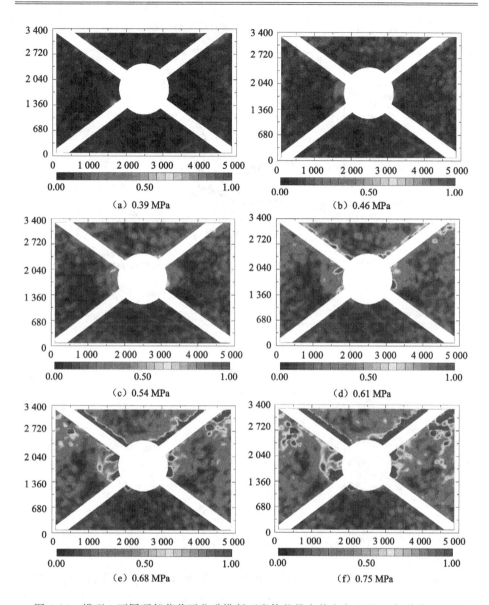

（a）0.39 MPa

（b）0.46 MPa

（c）0.54 MPa

（d）0.61 MPa

（e）0.68 MPa

（f）0.75 MPa

图 3-26　模型 1 不同顶部荷载下巷道横断面岩体的最大剪应变云图（坐标单位：mm）

图 3-28 所示。由图可见，顶部荷载在 0.62～0.72 MPa 这段时间内，瞬间跌落回弹最为频繁，表明模型巷道周边岩体可能在这段时间内变形破裂扩展最为迅速。

（1）竖向位移

不同顶部荷载作用下模型 4 制斑观测面处岩体的竖向位移分布云图见

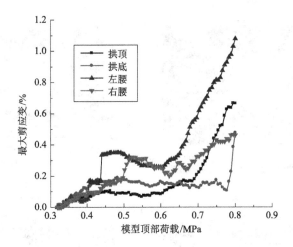

图 3-27　模型 1 巷道表面岩体最大剪应变随模型顶部荷载的变化曲线

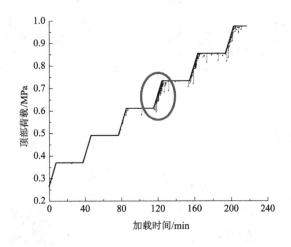

图 3-28　模型 4 顶部荷载随试验时间的变化曲线

图 3-29。与模型 1 类似，由于同样只在模型顶部对巷道进行加载，因此，随着顶部荷载的增加，巷道顶部和底部岩体的竖向位移虽然都逐渐增大，但巷道顶部岩体竖向位移变化要比底部明显得多。不同顶部荷载作用下，巷道顶部岩体的竖向位移总是在拱顶附近出现最大值，并由该位置往围岩深处，其值逐渐减小，但减小幅度相对很小；同时，巷道顶部同一水平线上的岩体竖向位移沿着水平方向呈"凹槽"形分布，即岩体竖向位移在巷道中轴线位置最大，往两侧则逐渐减小。结合巷道周边岩体竖向位移和位移矢量分布图，可以得出，随着顶部荷

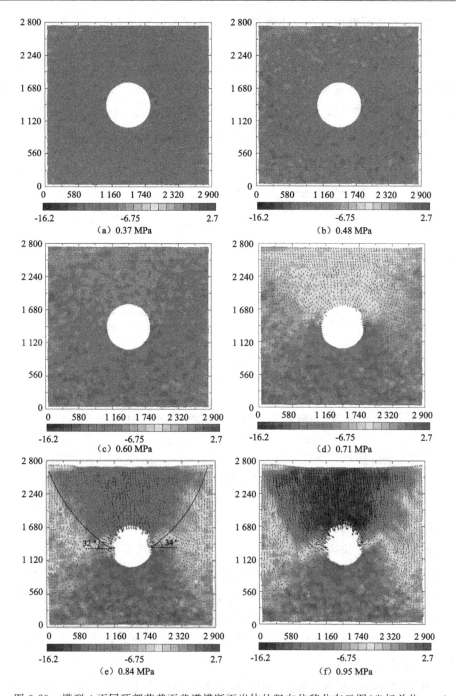

图 3-29 模型 4 不同顶部荷载下巷道横断面岩体的竖向位移分布云图(坐标单位:mm)

载的增大,巷道顶部岩体将可能沿着巷道两侧拱腰斜向上 32°～34°的两条弧线向巷道内发生滑动,如图 3-29(e)所示。

由图 3-30 巷道顶部岩体竖向位移在不同顶部荷载下的分布曲线可知,随着顶部荷载的增大,巷道顶部岩体的竖向位移将逐渐增大。不同荷载作用下,巷道顶部岩体的竖向位移 u_{td} 与其距巷道表面的距离 d 大体都呈指数衰减关系,当顶部荷载为 0.86 MPa 时,u_{td} 与 d 的关系式为 $u_{td} = -2.743e^{-d/44.204} - 11.051$,$R^2 = 0.969$。

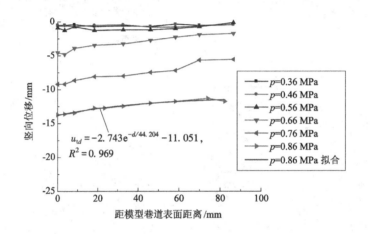

图 3-30　模型 4 不同顶部荷载下巷道顶部岩体的竖向位移分布曲线

(2) 水平位移

图 3-31 为不同顶部荷载作用下模型 4 制斑观测面处岩体的水平位移分布云图。由图可以看出,巷道开挖后,巷道横断面周边岩体的水平位移主要发生在两侧拱腰附近,但其值相对很小;随着顶部荷载的增大,巷道两侧拱腰的水平位移将逐渐增大且快速往巷道拱顶方向扩展,当巷道顶部荷载大于 0.71 MPa 时,周边岩体水平位移就集中发生在巷道表面左上或右上这两处约 27 mm 范围内的区域,如图 3-31(e)所示,同时,位于巷道左上和右上两条对角线上岩体的水平位移也在快速增大。这进一步表明,随着顶部荷载的增加,巷道顶板岩体将可能沿着巷道两侧拱腰斜向上 33°左右的两条弧线向巷道内发生剪切滑动,导致巷道失稳破坏。

图 3-32 为巷道左帮岩体水平位移随顶部荷载的变化曲线。由图可以看出,顶部荷载的增大,将对距巷道表面 30 mm 范围内(对应实际约 2.1 m)的帮部岩

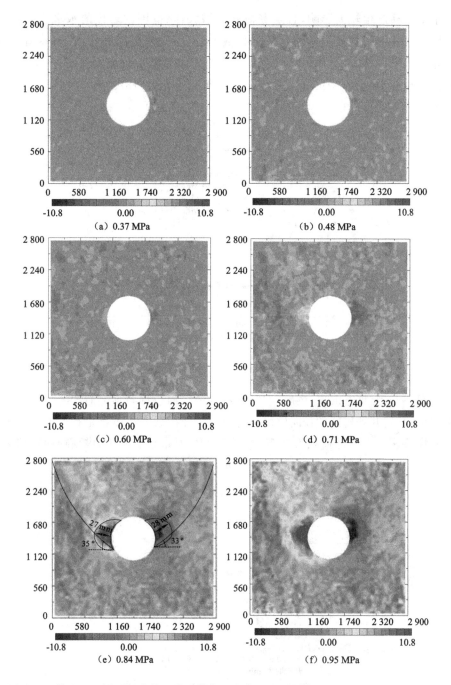

图 3-31 模型 4 不同顶部荷载下巷道横断面岩体的水平位移分布云图(坐标单位:mm)

体水平位移产生较大影响,且随着荷载的增大,该范围内岩体的水平位移将逐渐增大。从左帮各处岩体的水平位移值上看,不同顶部荷载作用下,巷道左帮岩体的水平位移 u_{ld} 与其距巷道表面距离 d 大体都呈指数衰减关系,其中,当模型顶部荷载为 0.86 MPa 时,u_{ld} 与 d 的关系式为 $u_{ld} = 18.346\mathrm{e}^{-d/21.373} - 1.711$,$R^2 = 0.927$。

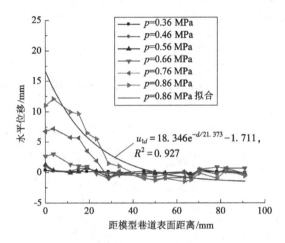

图 3-32　模型 4 不同顶部荷载下巷道左帮岩体的水平位移分布曲线

图 3-33 为巷道拱顶、拱底、左腰和右腰的径向位移与顶部荷载的关系曲线。由图可知,这几处岩体的径向位移 u 与模型顶部荷载大小 p 都呈指数增长关系,且其增长速率在顶部荷载为 $0.65\sim0.75$ MPa 时最快。其中,拱顶径向位移 u_{tp}

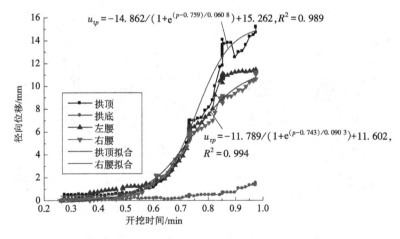

图 3-33　模型 4 巷道表面岩体径向位移与顶部荷载的关系曲线

与 p 的关系式为 $u_{tp}=-14.862/(1+e^{(p-0.759)/0.060\,8})+15.262$，$R^2=0.989$；右腰径向位移 u_{rp} 与 p 的关系式则为 $u_{rp}=-11.786/(1+e^{(p-0.743)/0.090\,3})+11.602$，$R^2=0.994$。

图 3-34 给出了不同荷载作用下模型 4 巷道表面岩体的轮廓线形态。由图可知，由于只在模型顶部加载，巷道顶部岩体的变形要远大于底部，且当顶部荷载小于 0.61 MPa 时，巷道表面各处岩体的收敛变形都很小；当荷载大于 0.61 MPa 时，巷道表面各处岩体变形则开始迅速增大，尤其是巷道左上和右上这两处位置。可见，在动压影响下，本次模拟巷道的重点支护部位应为巷道左上、右上、左下、右下这 4 处位置。

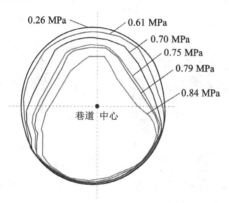

图 3-34　模型 4 巷道表面岩体轮廓线形态随顶部荷载的变化曲线

（3）最大剪应变

不同顶部荷载作用下模型 4 制斑观测面处岩体的最大剪应变云图如图 3-35 所示。由图可见，当顶部荷载小于 0.6 MPa 时，巷道周边岩体的最大剪应变主要发生在巷道右帮拱腰处，且随着荷载的增大，该处岩体最大剪应变会略微增大，其他位置岩体的最大剪应变则一直都很小。当顶部荷载大于 0.60 MPa时，巷道左帮拱腰处的岩体最大剪应变开始迅速增大，且随着荷载的继续增大，巷道两帮拱腰及其上方岩体的最大剪应变会大幅增长，说明巷道两帮岩体的破裂将随顶部荷载的增大而逐渐向拱顶处扩展。由图 3-35（e）可知，随着荷载的增大，最终，巷道周边岩体破裂将主要集中在巷道表面左上或右上约 27 mm 的区域。

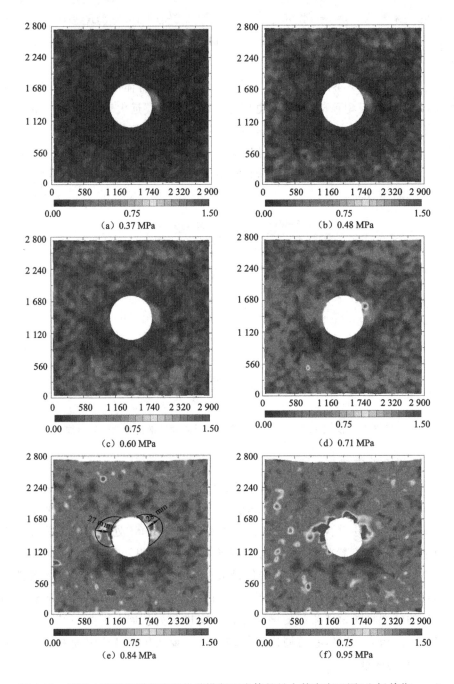

图 3-35　模型 4 不同顶部荷载下巷道横断面岩体的最大剪应变云图(坐标单位:mm)

3.2.2　巷道纵断面围岩变形

模型 6 巷道开挖完成后,对其顶部进行分级加载,前面每级加载约 0.15 MPa (加载 9 min,保载 30 min),最后一级加载约 0.25 MPa(加载 15 min,保载 30 min),如图 3-36 所示。由图可知,顶部荷载在 0.58～0.76 MPa 范围内,其瞬间跌落回弹最为频繁,表明该模型巷道周边岩体可能在这段时间内变形破裂扩展最为迅速。

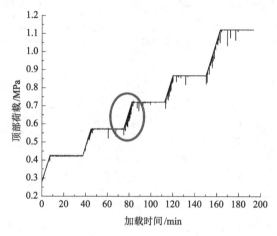

图 3-36　模型 6 顶部荷载随试验时间的变化曲线

(1) 竖向位移

不同顶部荷载下模型 6 巷道纵断面岩体的竖向位移分布云图如图 3-37 所示。由于只在顶部对模型进行加载,因此制斑观测面处岩体的竖向位移主要发生在巷道的顶部,当顶部荷载小于 0.54 MPa 时,巷道周边岩体竖向位移基本不发生变化[见图 3-37(a)、(b)];当顶部荷载大于 0.67 MPa 时,巷道顶部岩体竖向位移都开始大幅增长,且在拱顶处出现最大值,往围岩深处则逐渐减小,但减小幅度并不明显[见图 3-37(c)~(f)],表明此时巷道顶部岩体变形以整体性往巷道内滑动为主,这点也可以从各阶段顶部岩体的位移矢量图中看出。另外,沿着巷道纵向,巷道顶部同一水平线上的岩体在不同荷载作用下,竖向位移大小基本相等,这说明在不同荷载作用下,巷道顶部岩体均能在纵向上保持较高的变形一致性。

图 3-38 为不同顶部荷载下,模型 6 中间位置巷道顶部岩体的竖向位移分布曲线。由图可以看出,不同荷载作用下,巷道顶部岩体的竖向位移 u_{td} 与其距巷

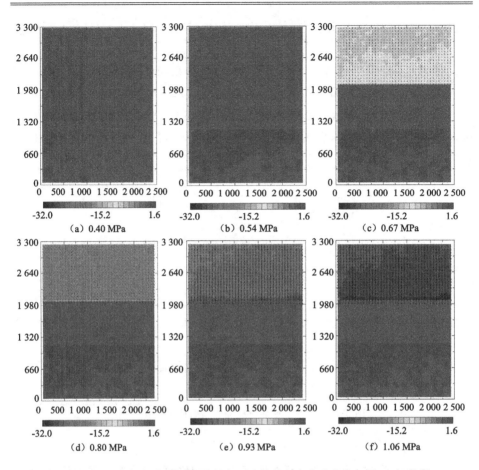

图 3-37　模型 6 不同顶部荷载下巷道纵断面岩体的竖向位移分布云图(坐标单位：mm)

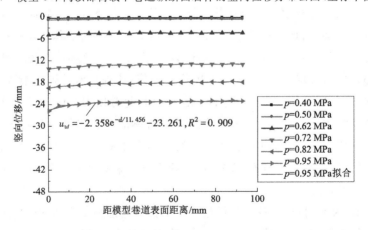

图 3-38　模型 6 不同顶部荷载下巷道纵断面顶部岩体的竖向位移分布曲线

道表面的距离 d 大体都呈指数衰减关系,其中,当模型顶部荷载为 0.95 MPa 时,u_{td} 与 d 的关系式为 $u_{td}=-2.358e^{-d/11.456}-23.261$,$R^2=0.909$。由图 3-39 则可知,巷道顶板不同深度位置岩体的竖向位移大小与顶部荷载 p 都呈指数增长关系,且其增长速率在顶部荷载为 0.6~0.8 MPa 时最快,即,$u_{tp}=-30.269+31.612/(1+e^{(p-0.73)/0.098\,4})$,$R^2=0.991$。

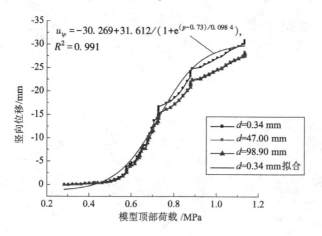

图 3-39　模型 6 巷道顶部岩体竖向位移随顶部荷载的变化曲线

（2）最大剪应变

图 3-40 为不同顶部荷载作用下巷道纵断面岩体的最大剪应变云图,由图可见,模型顶部荷载的加大,只会对巷道顶部约 10 mm 范围内的岩体最大剪应变产生影响,对其他处岩体的影响则可忽略不计。并且由图 3-41 可知,当模型顶部荷载大于 0.58 MPa 后,巷道拱顶附近岩体的最大剪应变瞬间增大,表明此时巷道拱顶附近的岩体开始发生离层现象;当顶部荷载大于 0.60 MPa 后,巷道拱顶附近岩体的最大剪应变又迅速跌落,说明顶板离层完成,但随着顶部荷载的加大,离层裂隙又逐渐被压密;当顶部荷载大于 0.7 MPa 时,巷道拱顶附近岩体的最大剪应变基本保持稳定,这意味着整个顶板岩体开始沿着拱腰斜向上的弧线整体性往巷道内发生滑动。另外,沿着巷道纵向,巷道顶部同一水平线上的岩体在不同荷载作用下,其最大剪应变大小基本相等,这说明在不同荷载作用下,巷道顶部岩体均能在纵向上保持较高的破裂一致性。

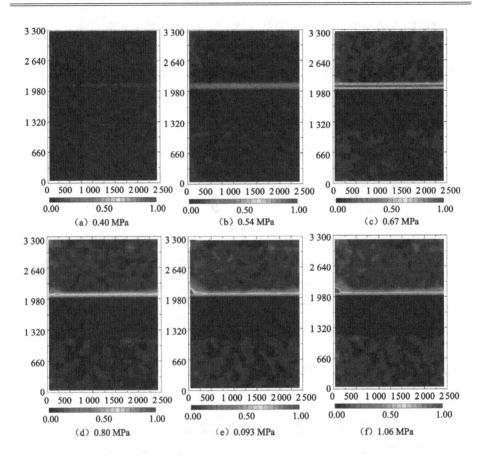

（a）0.40 MPa　　　　　（b）0.54 MPa　　　　　（c）0.67 MPa

（d）0.80 MPa　　　　　（e）0.093 MPa　　　　　（f）1.06 MPa

图 3-40　模型 6 不同顶部荷载下巷道纵断面岩体的最大剪应变云图（位移单位：mm）

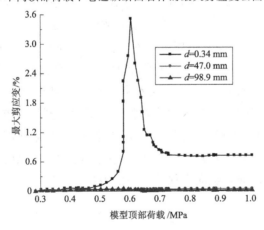

图 3-41　模型 6 巷道顶部岩体最大剪应变随顶部荷载的变化曲线

3.3　深部圆形巷道围岩变形时空演化规律分析

由于本章试验只在模型顶部进行加载,所以巷道中心以下的岩体变形不明显,实际工程中巷道上下(或左右)两侧岩体均受载,但因应力条件大体相同它们的变形发展规律也基本一致,因此基于本章试验分析结果可以总结得出无构造应力作用下深部圆形巷道围岩的变形时空演化规律及相应的支护对策,具体如下。

(1)深埋巷道开挖后围岩的变形时空演化规律

由模型1、模型4和模型6的巷道开挖分析结果可知:① 在时间演化规律方面,任一横断面巷道岩体变形都在巷道开挖通过该横断面位置时随开挖时间增长最快,在通过后增长速度随开挖时间逐渐减小,在通过前随开挖时间增长速度较小;当巷道开挖通过某一横断面时,该横断面岩体各处变形都将与开挖时间呈指数衰减式增大,如图3-3和图3-5所示。② 在空间演化规律方面,当巷道开挖通过某一横断面前,该横断面岩体的变形都相对较小,当巷道开挖通过时,该横断面各处岩体都将在巷道表面位置产生最大的径向位移,往围岩深处径向位移则呈指数衰减式减小;从位移变化的大小来看,巷道开挖后,巷道两侧拱腰的径向位移要大于拱顶和拱底,如图3-2和图3-4所示;巷道开挖过程中,巷道纵断面岩体的最大位移总是出现在工作面的中心位置,且由该位置往巷道掘进方向,岩体的位移值将逐渐减小(图3-15)。

(2)不同埋深或动压条件下巷道围岩的变形时空演化规律

由模型1、模型4和模型6的巷道加载分析结果可知:① 在时间演化规律方面,如将模型顶部荷载变化看成是动压巷道周边应力集中系数的变化,而动压巷道的应力集中系数与巷道迎进时间有关,则动压巷道周边岩体位移与其应力集中系数呈指数增长关系(图3-25)。② 在空间演化规律方面,随着巷道深埋或动压应力集中系数的增大,横断面岩体最大变形将由两侧拱腰处快速地往巷道拱顶、底方向扩展,当埋深或动压应力集中系数达到一定值时,巷道岩体最大变形将始终出现在巷道的左上、左下、右上和右下这4处,同时,巷道顶、底部岩体将沿巷道两侧拱腰斜向上或斜向下约30°的4条弧线而向巷道内发生整体性剪切滑动(图3-23);如不考虑发生严重破裂的岩体位置,往围岩深处,岩体的径向位移则仍呈指数衰减式减小(图3-21)。

(3)与现有研究结果的对比分析

将本章巷道的变形分析结果和现有研究成果对比可知，本章获得的无构造应力下的巷道时空演化规律与高富强[117]、张晓君[118]等人的数值模拟结果相符合（如巷道两帮岩体破裂导致的剪胀变形大于顶板岩体的卸载变形、顶板岩体的整体下沉失稳等），但本章试验获得的变形数据（如变形规律随时间的变化过程，岩体变形在空间上的分布模式等）更为全面，而且是基于物理模型试验，在定量定性分析方面更具有说服力。另外，本书在一定程度上揭示了巷道围岩随开挖的变形机理，对于指导实际工程施工或支护具有较大的意义。

（4）工程支护对策

对于不存在构造应力的深埋圆形巷道，当其埋深不大或不受动压影响时，其变形破裂最严重的地方为巷道两帮，特别是拱腰处，且随开挖的后续进行，该处变形破裂将往深部和顶、底板方向扩展，因此：① 必须对圆形巷道两帮的岩体进行喷锚支护，且在拱腰位置处，锚杆排距、间距应最小而锚杆长度应最大，由拱腰处往顶、底板方向，锚杆的排距、间距可适当增大或锚杆长度可适当减小；② 巷道顶、底板岩体因其变形较帮部更小，因此其锚杆间距、排距可设置较大，锚杆长度则可设置较小，在某些情况下，如顶、底板岩体不发生破裂且变形较小时，就可以不进行锚杆支护，而只需进行简单的喷射混凝土支护，具体支护示意图如图 3-42(a)所示；③ 就支护的时机而言，从本章结果看，由于巷道变形是在刚开挖通过的 1～2 h 内增长速度最快，因此，圆形巷道支护也应在巷道开挖后的 1～2 h 内完成。

当深埋圆形巷道埋深较大或受动压影响较明显时，其变形破裂最严重的部位为巷道的左上、左下、右上和右下这 4 处，其支护对策建议如图 3-42(b)所示，具体为：① 除了对巷道两帮的岩体进行喷锚支护外，最后也需对破裂区范围内的岩体进行注浆支护，保证两帮岩体具有一定的承载能力，防止巷道滑动失稳。② 巷道两条对角线方向的浅部岩体应为深埋动压圆形巷道的重点支护部位，其支护强度应最大，即在整个巷道横断面上该位置支护锚杆的间距应最小而长度最长；同时为防止巷道顶、底部岩体沿 4 条弧线发生滑动，也须对该位置破裂区岩体进行注浆加固；另外，还应采用锚网、桁架、格栅等将巷道周边岩体的支护结构连成一个统一的整体，形成有效承载环。③ 巷道顶、底部岩体受动压影响破裂范围相对很小甚至不会发生破裂，因此该处岩体锚喷支护强度可相对较小或可直接进行喷射混凝土支护。

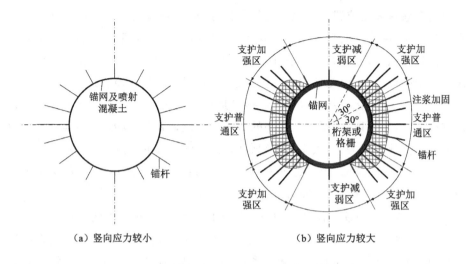

（a）竖向应力较小　　　　　　　（b）竖向应力较大

图 3-42　无构造应力下深埋圆形巷道的支护对策

3.4　本章小结

本章以透明岩体试验新技术为出发点，对模型巷道周边围岩的内部变形进行全程二维数字照相量测，得到以下几个结果：

（1）时间演化规律方面

① 获得了巷道开挖过程中围岩变形随开挖时间的变化规律。任一横断面巷道岩体变形都在巷道开挖通过该横断面位置时随开挖时间增长最快，在通过后增长速度随开挖时间逐渐减小，在通过前随开挖时间增长速度较小；当巷道开挖通过某一横断面时，该横断面岩体各处变形都将与开挖时间呈指数衰减式增大。

② 获得了不同顶部荷载作用下的围岩位移与荷载的拟合公式。随着顶部荷载增大，巷道拱顶、拱底、左腰和右腰处岩体的径向位移 u 都将呈指数递增式增长，其中巷道拱顶的径向位移 u_{tp} 与 p 的关系式为 $u_{tp} = -20.163/(1+\mathrm{e}^{(p-0.698)/0.082})+20.131$，$R^2 = 0.999$；右腰径向位移 u_{rp} 与 p 的关系式为 $u_{rp} = -11.109/(1+\mathrm{e}^{(p-0.696)/0.102})+10.648$，$R^2 = 0.997$。

（2）空间演化规律方面

① 获得了巷道开挖后围岩的变形空间分布模式。当巷道开挖通过某一横断面前，该横断面岩体的变形都相对较小，当巷道开挖通过时，该横断面各处岩

体都将在巷道表面位置产生最大的径向位移,往围岩深处的径向位移则呈指数衰减式减小;从位移变化的大小来看,巷道开挖后,巷道两侧拱腰的径向位移要大于拱顶和拱底;巷道开挖过程中,巷道纵断面岩体的最大位移总是出现在工作面的中心位置,且由该位置往巷道掘进方向,岩体的位移值将逐渐减小。

② 建立了开挖结束后的围岩位移与其距巷道表面距离的拟合公式。巷道开挖结束后,巷道顶部、帮部及底部的岩体径向位移 u 与其距巷道表面的距离 d 都大致呈指数衰减关系,其中:巷道顶部岩体径向位移 u_{td} 与 d 的关系式为 $u_{td}=0.582e^{-d/17.816}-0.029$,$R^2=0.908$;巷道右帮岩体径向位移 u_{rd} 与 d 的关系式则为 $u_{rd}=1.576e^{-d/12.047}-0.063$,$R^2=0.975$。

③ 获得了不同顶部荷载作用下的围岩位移与其距巷道表面距离的拟合公式。不同顶部荷载作用下,巷道顶、底部和两帮岩体的径向位移 u 与其距巷道表面的距离 d 大体都呈指数衰减关系,其中:当模型顶部荷载为 0.75 MPa 时,巷道顶部岩体径向位移 u_{td} 与 d 的关系式为 $u_{td}=-3.492e^{-d/19.414}-9.75$,$R^2=0.948$;巷道右帮岩体的水平位移 u_{rd} 与 d 的关系式为 $u_{rd}=-25.279e^{-d/19.17}+0.065$,$R^2=0.988$。

(3) 变形机理方面

分析了巷道顶板岩体的破坏失稳模式与机理。随着顶部荷载的增加,巷道顶板岩体最终将可能沿着巷道两侧拱腰斜向上 30°左右的两条弧线向巷道内发生整体性剪切滑动,导致巷道失稳破坏。这主要是因为随着巷道顶部荷载的增大,巷道两帮岩体破裂程度和破裂范围逐渐增大,使得巷道顶部岩体在拱腰处的"立足"不稳,发生类似于边坡的滑坡失稳现象。

4　基于透明岩体三维量测的深部巷道 变形时空演化规律研究

三维数字照相量测技术起源于 1882 年 Meydenbauer 提出的近景摄影测量,它是基于人眼的视觉原理,由控制点的已知空间坐标和三维数字图像相关算法来解算模型各个待测点三维变形的一种现代量测技术[119],可用于大到建筑测量,小到显微镜观测[120]。与二维数字照相量测技术相比,三维数字照相量测技术具有量测目标不局限于一个平面,能获得各待测点的离面位移等优点,早些时候其受科学技术水平和昂贵成本的限制,发展十分缓慢且应用起来存在诸多不便,随着近年来计算机与图像处理等科学技术的不断进步,其量测成本逐步降低,图像处理时间不断减小而量测精度则越来越高(工程实践表明,其最高可达约 1/1 000 000 的相对精度[121])。目前,三维数字照相量测技术正逐步推广应用于岩土工程各领域中[122-125]。

以往试验受不透明模型材料的限制,模型的数字照相三维变形量测也往往局限在模型表面,难以获得模型内部关键部位的三维变形,导致相关工程技术问题解决存在一定困难。而透明岩体这种试验技术的出现则解决了模型内部变形不能直接观测这一难题,为模型内部的三维变形量测提供了一个很好的研究基础。因此,对透明岩体三维数字照相变形量测方法进行研究,可弥补二维数字照相量测技术在应用中的不足,真正实现数字照相量测技术与透明岩土试验技术相互结合,相互促进,进而从根本上解决模型内部变形破裂的"可视化观测"问题,为促进实验力学发展和岩土工程相关问题研究起到推动作用。

4.1 普通数码相机的三维变形量测原理

理想情况下,数码相机的成像模型为针孔成像模型,物点、像点及相机光心在同一条直线上,如图 4-1 所示,图中 $O\text{-}XYZ$ 表示像空间坐标系,$o\text{-}xy$ 则为像平面坐标系。可以看出,物点 W 的像平面坐标与其像空间坐标存在如下关系:

$$\begin{cases} X/x = Z/f \\ Y/y = Z/f \end{cases} \tag{4-1}$$

式中,f 为相机焦距。

若写成齐次坐标形式,则为

$$\begin{bmatrix} X \\ Y \\ Z \end{bmatrix} = \frac{Z}{f} \begin{bmatrix} 1 & 0 & 0 \\ 0 & 1 & 0 \\ 0 & 0 & f \end{bmatrix} \begin{bmatrix} x \\ y \\ 1 \end{bmatrix} \tag{4-2}$$

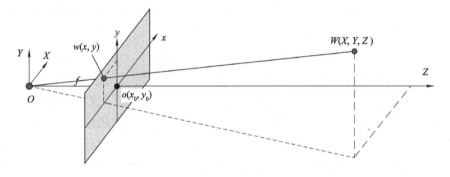

图 4-1 数码相机理想成像模型

由于像空间坐标系是以相机光心为原点的空间坐标系,因此,为了将其与传统的世界坐标系对应起来,需要对像空间坐标系进行旋转和平移,见图 4-2。假设相机光心在世界坐标系 $O_w\text{-}X_wY_wZ_w$ 的位置为 (X_0, Y_0, Z_0),相机的三维旋转变换矩阵为 $\boldsymbol{R}$,则像空间坐标系和世界坐标系两者的转换关系为:

$$\begin{bmatrix} X_w \\ Y_w \\ Z_w \end{bmatrix} = \boldsymbol{R} \begin{bmatrix} X \\ Y \\ Z \end{bmatrix} + \begin{bmatrix} X_0 \\ Y_0 \\ Z_0 \end{bmatrix} = \frac{Z}{f} \begin{bmatrix} r_{11} & r_{12} & r_{13} \\ r_{21} & r_{22} & r_{23} \\ r_{31} & r_{32} & r_{33} \end{bmatrix} \begin{bmatrix} 1 & 0 & 0 \\ 0 & 1 & 0 \\ 0 & 0 & f \end{bmatrix} \begin{bmatrix} x \\ y \\ 1 \end{bmatrix} + \begin{bmatrix} X_0 \\ Y_0 \\ Z_0 \end{bmatrix} \tag{4-3}$$

式中,$r_{11}, r_{12}, \cdots, r_{33}$ 为旋转矩阵 $\boldsymbol{R}$ 的 9 个系数,由相机 3 个独立的姿态角 φ、ω、κ 构成。

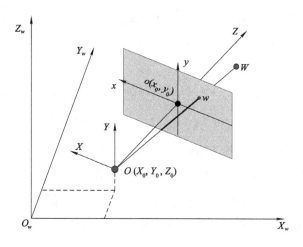

图 4-2　世界坐标系与像空间坐标系的关系

在计算机视觉中，数字图像长度 u 和高度 v 的单位一般采用像素（pixel）表示，如不考虑普通数码相机存在的畸变误差，以图像左上角点 s 作为原点的数字图像坐标系 s-uv 与像平面坐标系 o-xy 的关系如图 4-3 所示，可以看出：

$$\begin{cases} x = -(u-u_0)\mathrm{d}x \\ y = -(v-v_0)\mathrm{d}y \end{cases} \tag{4-4}$$

式中，$\mathrm{d}x$ 为每个像素在横轴上所代表的实际长度，mm/pixel；$\mathrm{d}y$ 为每个像素在纵轴上所代表的实际长度，mm/pixel。

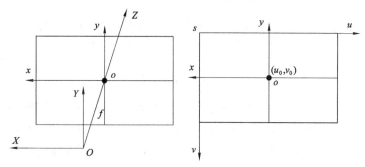

图 4-3　数字图像坐标系和像平面坐标系的关系

然而，由于普通数码相机的镜头加工和安装等都不可避免地会存在一些误差，导致其拍摄图像也会存在畸变，因此，为保证量测精度，必须对数码相机畸变进行校正。目前一般认为普通数码相机的畸变来源于镜头的径向、离心和薄

棱镜三种畸变情况,采用非线性数学模型来表示,则为:

$$\begin{cases} \Delta u = (u-u_0)(k_1 r^2 + k_2 r^4) + p_1[3(u-u_0)^2 + (v-v_0)^2] + \\ \qquad 2p_2(u-u_0)(v-v_0) + s_1 r^2 \\ \Delta v = (v-v_0)(k_1 r^2 + k_2 r^4) + 2p_1(u-u_0)(v-v_0) + \\ \qquad p_2[(u-u_0)^2 + 3(v-v_0)^2] + s_2 r^2 \end{cases} \tag{4-5}$$

式中,Δu、Δv 为像素点的畸变值;u_0、v_0 为像平面坐标原点(像主点)在数字图像上的坐标,如图 4-3 所示;k_1 和 k_2、p_1 和 p_2、s_1 和 s_2 分别表示相机的径向、离心和薄棱镜畸变系数;r 为像素点到像主点的距离,$r = \sqrt{(u-u_0)^2 + (v-v_0)^2}$。

因此,当考虑普通数码相机的畸变误差时,数字图像坐标系 $s\text{-}uv$ 与像平面坐标系 $o\text{-}xy$ 的关系为:

$$\begin{cases} x = -(u + \Delta u - u_0)\mathrm{d}x \\ y = -(v + \Delta v - v_0)\mathrm{d}y \end{cases} \tag{4-6}$$

将上式代入式(4-3)中,则有:

$$\begin{bmatrix} X_w \\ Y_w \\ Z_w \end{bmatrix} = \frac{Z}{f} \begin{bmatrix} r_{11} & r_{12} & r_{13} \\ r_{21} & r_{22} & r_{23} \\ r_{31} & r_{32} & r_{33} \end{bmatrix} \begin{bmatrix} 1 & 0 & 0 \\ 0 & 1 & 0 \\ 0 & 0 & f \end{bmatrix} \begin{bmatrix} -\mathrm{d}x & 0 & u_0 \mathrm{d}x - \Delta u \mathrm{d}x \\ 0 & -\mathrm{d}y & v_0 \mathrm{d}y - \Delta v \mathrm{d}y \\ 0 & 0 & 1 \end{bmatrix} \begin{bmatrix} u \\ v \\ 1 \end{bmatrix} + \begin{bmatrix} X_0 \\ Y_0 \\ Z_0 \end{bmatrix}$$

$$\tag{4-7}$$

将式(4-7)写成方程组的形式,为:

$$\begin{cases} u + \Delta u - u_0 = c_x \dfrac{r_{11}(X_w - X_0) + r_{21}(Y_w - Y_0) + r_{31}(Z_w - Z_0)}{r_{13}(X_w - X_0) + r_{23}(Y_w - Y_0) + r_{33}(Z_w - Z_0)} \\ v + \Delta v - v_0 = c_y \dfrac{r_{12}(X_w - X_0) + r_{22}(Y_w - Y_0) + r_{32}(Z_w - Z_0)}{r_{13}(X_w - X_0) + r_{23}(Y_w - Y_0) + r_{33}(Z_w - Z_0)} \end{cases} \tag{4-8}$$

式中,$c_x = f/\mathrm{d}x$,$c_y = f/\mathrm{d}y$,分别表示相机在横轴和纵轴上的聚焦程度。

因此,若使用两台相机同时对模型中的某一点进行观测,并已知两台相机拍摄时各自的 6 个畸变系数($k_1, k_2, p_1, p_2, s_1, s_2$)、4 个内方位元素($u_0, v_0, c_x, c_y$)和 6 个外方位元素($\varphi, \omega, \kappa, X_0, Y_0, Z_0$),则根据式(4-8),每台相机都可以列出 2 个关于 X_w, Y_w, Z_w 的方程,对这 4 个方程进行联立并采用最小二乘法进行求解就可得到该点的三维坐标(X_w, Y_w, Z_w)。当两台相机连续对模型进行同时拍摄时,同理,也能求得模型点在不同时刻下的三维坐标(X_{wt}, Y_{wt}, Z_{wt}),进而可得到不同时刻下模型点的三维变形:

$$\begin{cases} \Delta X_{ut} = X_{ut} - X_{w0} \\ \Delta Y_{ut} = Y_{ut} - Y_{w0} \\ \Delta Z_{ut} = Z_{ut} - Z_{w0} \\ \Delta S_{ut} = \sqrt{\Delta X_{ut}^2 + \Delta Y_{ut}^2 + \Delta Z_{ut}^2} \end{cases} \tag{4-9}$$

式中,X_{w0},Y_{w0},Z_{w0} 为模型点在初始时刻的三维空间坐标;ΔX_{wt},ΔY_{wt},ΔZ_{wt} 为不同时刻下模型点沿三个方向的位移值;ΔS_{wt} 为不同时刻下模型点的总位移。

4.2 透明岩体三维数字照相量测软件开发

三维数字照相量测软件系统 Photogram_3D 采用面向对象的编程语言 Delphi 结合 MATLAB 计算数据库实现,并根据功能需求的不同,分为图像预处理、特征点检测、相机平面检校、三维坐标求解四大模块。

4.2.1 图像预处理

图像预处理模块的设计界面如图 4-4 所示。

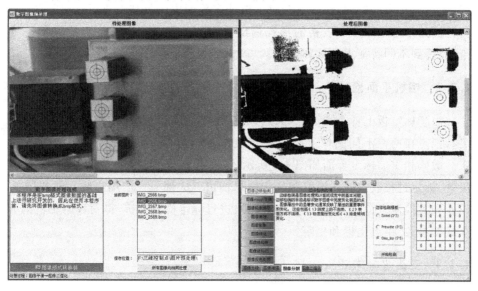

图 4-4 图像预处理模块界面

该预处理模块包含的功能有:图像批量处理转换功能,图像去噪处理功能(包括图像锐化、图像平滑、图像中值滤波),图像增强处理功能(包括图像灰度直方图、图像线性变换、图像非线性变换、灰度直方图拉伸),图像分割处理功能(包括图像的边缘检测、图像的轮廓提取、图像的细化、图像腐蚀、图像膨胀、图像的结构开、图像的结构闭、图像反色),图像二值化处理功能(包括图像灰度处理、图像二值化、图像背景分离)。用户将一系列图像导入后,只需对第一幅图像进行相应的预处理,程序就会自动按第一幅图像的预处理步骤对后面的一系列图像进行同样的预处理操作,并将结果保存到用户指定的文件下。

4.2.2　图像的特征点检测

图像的特征点检测模块包含的主要功能有 4 个,分别是角点的初步定位(Harris 算法、Förstner 算法、Hough 变换法)、角点的高精度定位(直线相交求精法、高斯拟合求精法)、圆点的初步定位(对称追踪法、Hough 变换法)、圆点的高精度定位(Wong-Trinder 算法)。设计界面则包括检测命令区、待检测图像显示区、特征点标注显示区、结果处理区以及状态显示区 5 个部分,如图 4-5 所示。当用户将图片导入特征点检测模块后,首先要划定特征点搜索的范围(默认为整幅图像),再输入相关检测参数,如角点梯度、圆半径范围、重复点排除方式等,点击相应的按钮,程序就会对图像选定范围内的特征点进行筛选检测,并将检测的结果以图形和表格的形式输出。用户可以通过不同检测参数和检测范围,得到不同特征点数量和位置。

4.2.3　相机平面检校

由于标定板上各个特征点(圆点)的三维空间坐标是事先知道的,因此当同名特征点在两幅不同图像上都检测定位出来以后,就可以进行数码相机的标定。数码相机的标定界面如图 4-6 所示,包括图像输入、控制点输入、标定参数设置、标定过程收敛曲线追踪和标定结果输出 5 大部分。当用户输入两幅图像以及相关控制点数据后,程序就会对相机进行标定检校分析,得到数码相机的 6 个畸变参数、主点坐标和焦距。

4.2.4　三维坐标求解

三维坐标求解模块主要包含了同相机同名点匹配、异相机同名点匹配、待测点图像坐标畸变校正、三维坐标求解与显示 4 个主要功能。

(1)同名点匹配

同名点的匹配包括同相机不同时刻两幅图像间的同名点匹配和异相机同

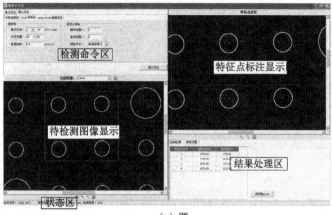

（a）圆

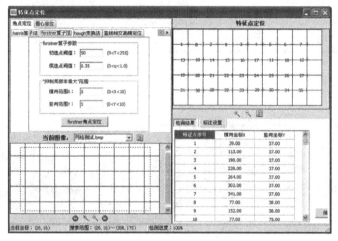

（b）角点

图 4-5　特征点检测模块界面

时刻两幅图像间的同名点匹配两大部分,如图 4-7 所示。进行同名点匹配前,首先要导入两台相机拍摄的一系列图像和 8 个以上控制点的左右像坐标及三维空间坐标,然后在左图像上人工选定(或从外部导入)待测点起始像坐标,最后,再进行极限约束校正,选择相应的极限求解方法、匹配窗口、搜索方法、相似度准则后,系统就会自动搜索待测点在左右一系列图像上的同名点,并将匹配结果保存输出。

（2）待测点图像坐标畸变校正

由于相机平面检校模块更多的是针对特定焦距下的相机,对于焦距因观

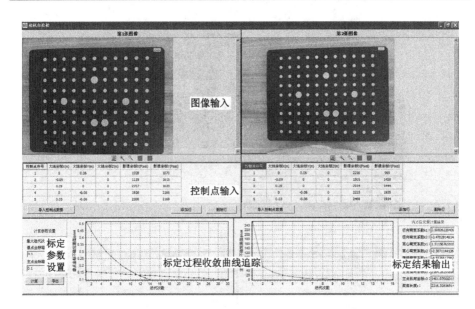

图 4-6　相机平面检校模块界面

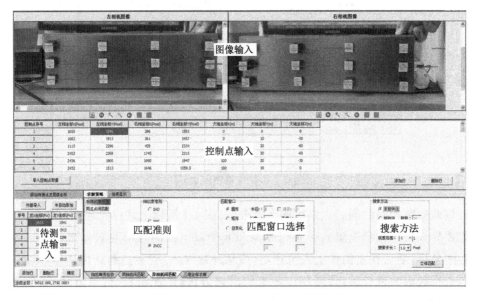

图 4-7　同名点匹配界面

测距离不同而可变的相机不一定适用,因此,待测点图像坐标畸变校正功能就是根据多个三维控制点对当前参数下的相机进行检校并修正待测点的像坐标。如图 4-8 所示,像坐标畸变校正界面包括图像输入、控制点输入、校正参数设置、校正过程收敛曲线追踪以及校正结果输出 5 大部分。其具体步骤是:首先使用两台相机对三维控制点框架进行照相,获得左右两张图像(导入到界面中的"图像输入"部分);然后采用特征点检测模块获得 8 个以上控制点的左右图像坐标(导入界面中的"控制点输入"部分);再根据控制点的已知三维坐标(导入界面中的"控制点输入"部分),考虑不同畸变参数,采用直接线性法进行多次迭代求解后分别求得两台相机的 6 个畸变系数和 4 个内方位元素;最后,依据两台相机的畸变系数对待测点及其所有同名点的像坐标进行校正,进而提高待测点的三维坐标求解精度。

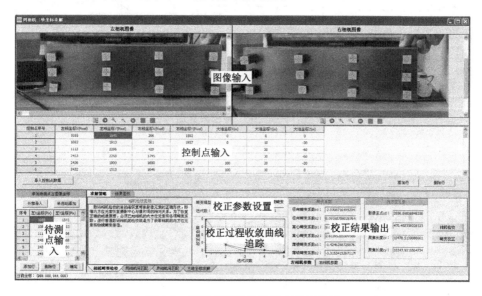

图 4-8　待测点图像坐标畸变校正界面

(3) 三维坐标求解与显示

软件中待测点三维坐标解算共设计了直接线性变换法、空间后前方交会法、相对定向-绝对定向法以及光束平差法 4 种方法,都包括图像输入、控制点输入、待测点输入、内外方位元素和线性变换参数 4 大部分,如图 4-9 所示。当用户输入至少 6 个三维控制点和一组待测点数据后,选择相应的求解方法,系统就会求解出两台相机的 4 个内方位元素和 6 个外方位元素以及待测点不同时间下的三维坐标,求解结果如图 4-10 所示。

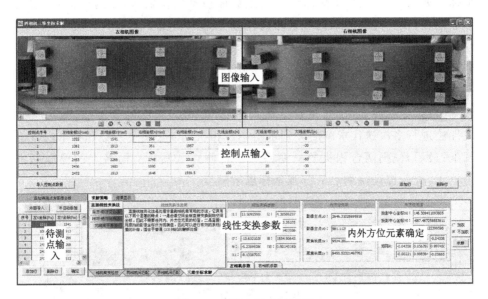

图 4-9　三维坐标求解界面

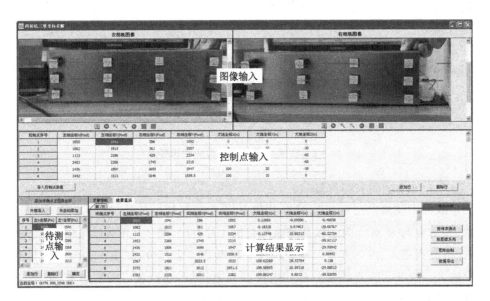

图 4-10　待测点三维坐标求解结果显示界面

4.3 三维数字照相量测软件解算精度检验

三维数字照相量测软件解算精度测试选用文献[119]的算例数据,如表 4-1 所示。测试时,将表中的前 10 个点作为控制点、后 5 个点作为待测点,然后依据待测点的左右图像坐标,采用 Photogram_3D 软件求解出待测点的三维空间坐标,最后将三维空间坐标解算结果与实际进行对比,得到 Photogram_3D 软件的三维坐标解算误差值,如图 4-11 所示。其标准方差分别为:X 坐标0.014 m、Y 坐标0.003 0 m、Z 坐标 0.002 8 m,分别为观测目标的 8/10 000,5/30 000 及 3/20 000。需要说明的是,上述算例的图像分辨率相对较低,为 1 500×1 000。当采用更高分辨率的图像时,Photogram_3D 软件的三维坐标解算精度更高,如图像分辨率为 5 472×3 648 时,则 Photogram_3D 软件的三维坐标解算精度最低可达 11/50 000。

表 4-1　点的左右图像坐标及三维空间坐标

位置	左图像/pixel		右图像/pixel		实际三维空间坐标/m		
	u_1	v_1	u_2	v_2	X	Y	Z
控制点 1	57.3	244.7	197.4	299.1	−2.954	−0.004	3.873
控制点 2	438.7	400.8	510.6	447.3	0.062	−1.745	2.615
控制点 3	344.1	319.9	416.4	370.4	0.065	−0.712	3.454
控制点 4	560.3	340.4	632.9	394.4	−0.003	−3.087	3.094
控制点 5	714.9	479.8	779.9	523.8	0	−4.56	1.765
控制点 6	686.1	136.6	762.6	216.4	−0.327	−4.537	4.743
控制点 7	803.3	316.8	864.7	379.7	0	−5.441	3.145
控制点 8	905.4	583.8	956.4	617.1	0.003	−6.271	0.827
控制点 9	1 054.7	468.3	1 091.3	517.5	0.003	−7.575	1.756
控制点 10	1 431.1	425.1	1 413.6	484.7	0.003	−10.503	1.977
待测点 1	250.8	124.1	428.4	200.9	−3.786	−2.599	4.416
待测点 2	263.6	278.6	340.1	329.9	−0.227	−0.001	3.884
待测点 3	434.4	181.2	538.6	250.2	−1.279	−2.591	4.395
待测点 4	1 027.9	98.9	1 075.7	197.2	−0.298	−7.527	4.741
待测点 5	1 216.2	233.7	1 234.2	319.2	−0.002	−8.943	3.569

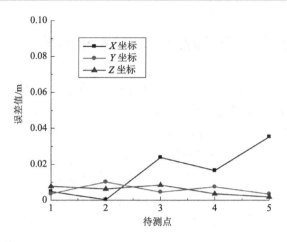

图 4-11　三维坐标解算误差

4.4　深部巷道围岩三维变形时空演化规律研究

4.4.1　模型试验设计

　　基于三维数字照相量测的深部巷道透明岩体模型制作方法和相关参数选择都与二维数字照相量测大体相同,不同的是,基于三维数字照相量测的深部巷道透明岩体模型是采用直径 6 mm 的红色圆形仿珍珠作为内部测点预埋于模型的不同空间位置,如图 4-12(a)所示。

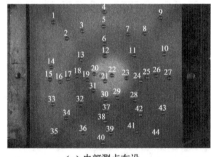

（a）内部测点布设

（b）控制点框架布置

图 4-12　三维数字照相量测准备

　　试验开始前,将三维控制点框架横于透明岩体模型前,并控制左右两台数码相机对其进行照相,见图 4-12(b);试验过程中,移除控制点框架,并用电脑控制左右两台相机进行定时拍摄,如图 4-13 所示;试验结束后,采用 Photogram_3D 软件对模型中的各个测点进行三维变形分析。

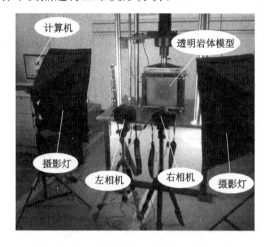

图 4-13　三维数字照相量测示意图

4.4.2　深部巷道围岩三维位移分析

4.4.2.1　两台相机拍摄参数求解

要想获得透明岩体内部测点的三维变形,就需要知道两台相机的拍摄相关参数(4 个内方位元素和 6 个外方位元素)。为此,首先采用 Photogram_3D 软件的"特征点检测"功能对三维控制点框架的 12 个控制点进行高精度定位后获得它们分别在左右相机两张图像上的图像坐标,如图 4-14 所示;然后再以第一

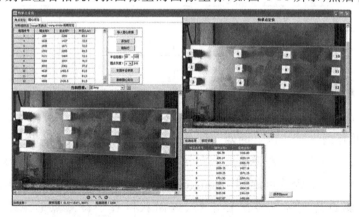

图 4-14　控制点高精度定位

个控制点为实际三维坐标原点[图 4-12(b)]，根据其他各个控制点与第一个控制点的空间距离，确定得到其他控制点的实际三维坐标；最后以 12 个控制点的左右图像坐标和实际三维空间坐标(表 4-2)为基础，利用 Photogram_3D 软件的"三维坐标求解"功能，先用"直接线性法"求得相机拍摄参数初始值，再用"前后方交会法"进行精确，得到两台相机的 4 个内方位元素和 6 个外方位元素的最终值，其中，相机的 3 个姿态角用旋转矩阵来表示，如图 4-15 所示。

表 4-2　三维框架控制点的左右图像坐标及实际三维空间坐标

控制点序号	左图像/pixel		右图像/pixel		实际三维空间坐标/mm		
	u_1	v_1	u_2	v_2	X	Y	Z
1	186.79	1 416.80	489.01	1 104.02	0	0	0
2	236.14	1 833.14	478.39	1 443.40	0	10	−30
3	287.73	2 265.73	470.07	1 793.08	0	20	−60
4	1 628.15	1 427.16	1 662.95	1 150.96	100	10	0
5	1 659.25	1 871.25	1 638.07	1 493.08	100	20	−30
6	1 701.90	2 294.91	1 623.95	1 817.96	100	30	−60
7	3 120.94	1 463.95	2 721.99	1 212.00	200	30	0
8	3 088.34	1 904.35	2 732.02	1 538.02	200	20	−30
9	3 055.08	2 361.09	2 744.02	1 874.03	200	10	−60
10	4 627.87	1 492.88	3 802.08	1 267.09	300	20	0
11	4 607.85	1 950.85	3 823.05	1 590.06	300	10	−30
12	4 607.81	2 426.81	3 859.01	1 923.02	300	0	−60

两台相机的拍摄参数求解完毕后，就可将两台相机拍摄的一系列的透明岩体试验图像导入软件中。但应当注意的是，左右相机导入的图像数目应保持一致，并且同一立体像对的两张图像的拍摄时刻也要相同。当图像导入完毕后，可从外部导入或者手动点击左相机第一张图像的测点作为待测点的初始左图像坐标，然后就可使用 Photogram_3D 软件的"三维坐标求解"功能进行各个待测点的实际三维坐标求解，进而获得各个待测点的三维位移，如图 4-16 所示。

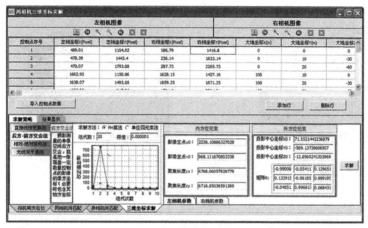

（a）左相机

（b）右相机

图 4-15　左右两台相机的拍摄参数求解结果

4.4.2.2　巷道开挖三维位移分析

（1）竖向位移

图 4-17 给出了模型巷道开挖过程中,巷道顶部和底部不同空间位置处测点的竖向位移历时变化曲线[测点编号见图 4-12(a),1G 表示第 1 步掘进开挖阶段,1S 表示第 1 步开挖完成后应力调整阶段……]。由图可知:① 由于本次模型试验只在巷道顶面进行加载,底板岩体距加载面较远且中间被巷道隔开,导致巷道底部各处岩体的竖向位移要相对小于顶部;② 各分步巷道岩体的开挖都会引起顶、底部测点发生较大的竖向位移变化,在各分步应力调整阶段,岩体的

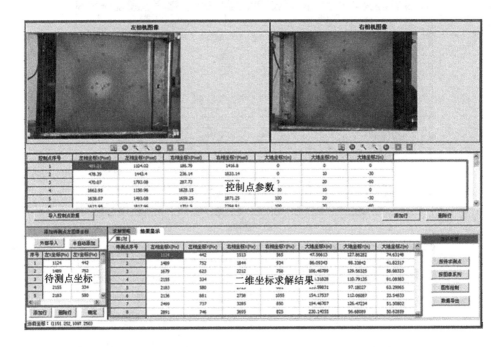

图 4-16　待测点三维坐标求解示意图

竖向位移变化则很小;③ 由于 P4、P6、P37 和 P39 这 4 个测点位于距观测面玻璃板约 40 mm 的位置,导致巷道第 2 步的开挖和第 3 步的开挖都会对这 4 个测点的竖向位移产生较大的影响,尤其是距巷道表面较近的 P6 和 P37 测点,而其他 6 个测点则位于距观测面玻璃板约 20 mm 的位置,因此,对这些测点(特别是距巷道表面很近的 P12 和 P30 这两个测点)竖向位移影响较明显的主要是第 3 步的巷道开挖阶段;④ 总体而言,随着巷道的前进开挖,巷道顶、底部各个测点的竖向位移值都将逐渐增大,且距巷道表面距离越近,其变化值也越大,即当巷道开挖结束后,巷道顶部和底部竖向位移最大的测点分别是 P6 和 P30。

(2) 水平位移

巷道左右两帮几个测点水平位移随巷道开挖的历时曲线如图 4-18 所示。由图可以看出:① 与顶、底部岩体类似,巷道帮部岩体的水平位移在各分步开挖阶段变化较大,在各分步应力调整阶段则很小;② 由于 P16、P18、P24 和 P26 这 4 个测点位于距观测面玻璃板约 40 mm 的位置,导致巷道第 2 步的开挖和第 3 步的开挖都会对这 4 个测点的水平位移产生较大的影响,尤其是距巷道表面较

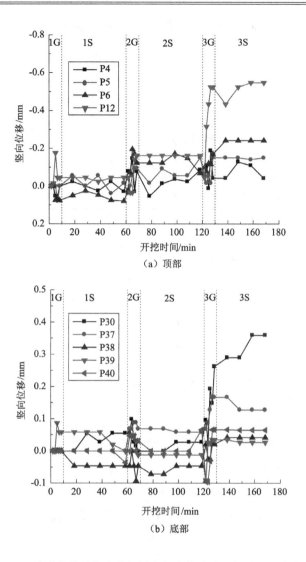

图 4-17　透明岩体顶部和底部测点竖向位移随开挖时间的变化曲线

近的 P18 和 P24 测点,其他 6 个测点则位于距观测面玻璃板约 20 mm 的位置,对这些测点(特别是距巷道表面很近的 P19 和 P23 这两个测点,其中 P19 测点位于巷道边缘位置,在第 3 步开挖过程中被挖除)水平位移影响较明显的主要是第 3 步的巷道开挖阶段;③ 从各测点的水平位移大小上看,巷道的开挖主要对巷道两帮 25 mm 范围内的岩体水平位移产生较大影响,25 mm 外岩体水平位移很小;④ 总体而言,巷道两帮各处测点往巷道内的水平位移将随巷道前进开挖而逐渐增大,且距巷道表面距离越近,其值增长越快。

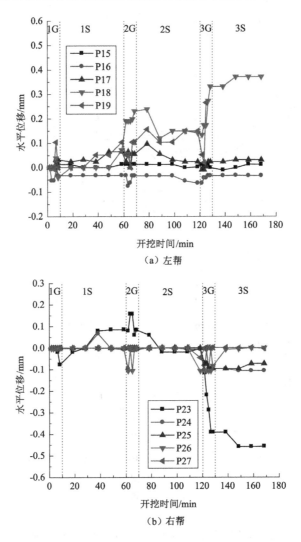

（a）左帮

（b）右帮

图 4-18　透明岩体左帮和右帮测点竖向位移随开挖时间的变化曲线

（3）纵向位移

图 4-19 给出了巷道开挖范围内 3 个测点纵向位移随开挖的历时曲线。由图可见,巷道第 1 步和第 2 步开挖过程中,各个测点因距开挖面较远,其纵向位移随开挖变化很小;随着第 3 步巷道开挖面逐渐向这 3 个测点靠近,距观测面玻璃板约 30 mm 的 P21 测点首先受到影响,其纵向位移(与巷道掘进方向相反)

迅速加大；而后，开挖面继续推进，距观测面玻璃板约 20 mm 的 P20 和 P22 测点的纵向位移也开始迅速增大，但处于开挖面外围的 P20 测点的纵向位移增长速率要明显小于开挖面中心处的 P22 测点。

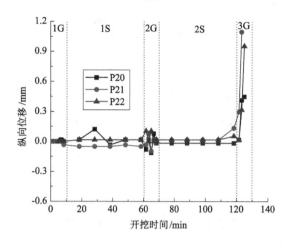

图 4-19　透明岩体巷道内纵向位移随开挖时间的变化曲线

4.4.2.3　巷道加载三维位移分析

（1）竖向位移

随着模型顶部荷载的加大，巷道顶、底部几个测点的竖向位移变化如图 4-20 所示。由于只在模型顶部加载，巷道底部各个测点的竖向位移随荷载变化不大，而巷道顶部各个测点竖向位移则随顶部荷载的增大而逐渐加大，且越

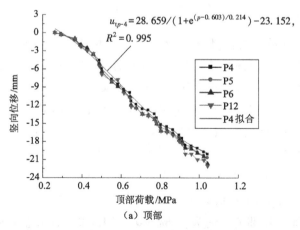

$$u_{tp-4} = 28.659/(1+e^{(p-0.603)/0.214}) - 23.152,$$
$$R^2 = 0.995$$

（a）顶部

图 4-20　透明岩体顶部和底部测点竖向位移随顶部荷载的变化曲线

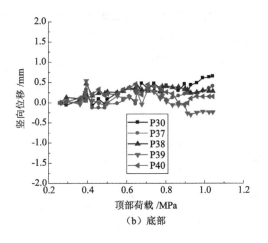

（b）底部

图 4-20（续）

靠近巷道表面的测点,其竖向位移值越大。另外,对 P4 测点竖向位移随顶部荷载的变化曲线进行拟合可知,巷道顶部测点的竖向位移 u_t 都与顶部荷载 p 呈指数增长关系,其中,测点 P4 的竖向位移 u_{tp-4} 与 p 的关系为 $u_{tp-4}=28.659/(1+e^{(p-0.603)/0.214})-23.152$,$R^2=0.995$,即当顶部荷载约 0.6 MPa 时,P4 测点的竖向位移增长最快。从同一时刻巷道顶部 4 个测点竖向位移大小来看,这 4 个测点的竖向位移随顶部荷载变化相差不大。这意味着,随着顶部荷载的增大,巷道顶部岩体以整体性的向下滑动为主,这点也可以从三维位移矢量图（图 4-21）中看出。

（2）水平位移

图 4-22 为巷道左右两帮几个测点的水平位移随顶部荷载的变化曲线。由图可见,随着巷道顶部荷载的加大,巷道两帮 45 mm 范围内的岩体水平位移将逐渐加大,且越接近巷道表面的岩体,其水平位移值增长越快,而 45 mm 范围外岩体的水平位移变化则都很小。通过对 P18 和 P23 测点水平位移随顶部荷载的变化曲线进行拟合可知,巷道两帮处于 45 mm 范围内的测点水平位移与 p 大体都呈指数增长关系,其中:测点 P18 的水平位移 u_{lp-18} 与 p 的关系为 $u_{lp-18}=-13.305/(1+e^{(p-0.594)/0.117})+11.986$,$R^2=0.993$;测点 P23 的水平位移 u_{rp-23} 与 p 的关系为 $u_{rp-23}=31.492/(1+e^{(p-0.535)/0.167})-25.574$,$R^2=0.993$。即当顶部荷载约为 0.54~0.6 MPa 时,巷道左右两帮岩体的水平位移增长最快。

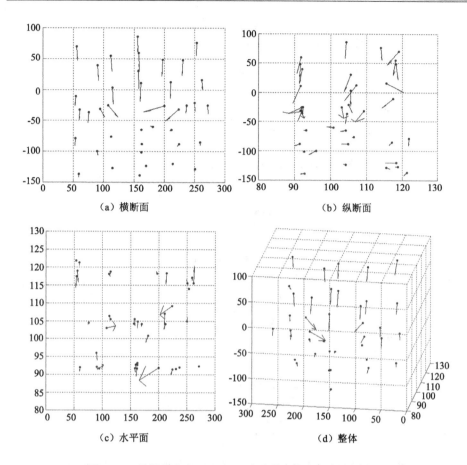

图 4-21　顶部荷载为 1.0 MPa 时透明岩体内部各个测点的
三维位移矢量图（坐标单位：mm）

（3）纵向位移

图 4-23 为透明岩体模型对角线方向几个测点的纵向位移随顶部荷载的变化曲线。由图可知，随着荷载的增大，这几个测点纵向位移都表现出无规律性的波动现象。出现这种现象的原因是，随着荷载的增大，模型四周的玻璃箱钢框架会不时地发生一些错动或回弹，导致内部测点颗粒会在纵向上产生无规律性的波动位移；另外，由于模型四周都存在端面摩擦影响，使得在纵向方向上不同横断面位置的岩体变形破裂很难保持一致，而试验布置的红色圆形仿珍珠测点又是球状颗粒，在纵向上具有一定的厚度，使得测点纵向位移随顶部荷载变化更加复杂，更加无序。

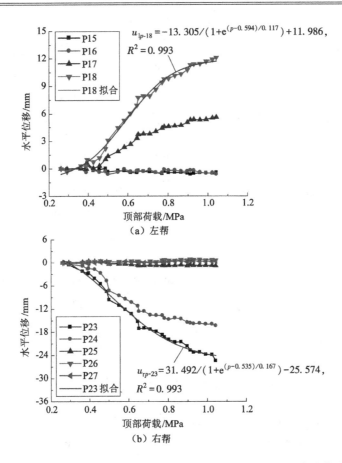

$$u_{\text{lp-18}} = -13.305/(1+e^{(p-0.594)/0.117})+11.986,$$
$$R^2 = 0.993$$

（a）左帮

$$u_{\text{rp-23}} = 31.492/(1+e^{(p-0.535)/0.167})-25.574,$$
$$R^2 = 0.993$$

（b）右帮

图 4-22　透明岩体左帮和右帮测点水平位移随顶部荷载的变化曲线

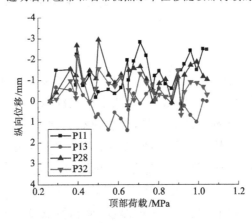

图 4-23　透明岩体模型对角线方向几个测点的纵向位移随顶部荷载的变化曲线

4.5 本章小结

本章对三维数字照相量测方法及其在透明岩体巷道模型中的应用进行了研究,得到了以下几个成果:

(1) 研制得到了三维数字照相量测软件 Photogram_3D。通过对三维数字照相量测相关算法进行研究,采用面向对象的编程语言 Delphi 结合 MATLAB 计算数据库成功研发出了包含图像预处理、特征点检测、相机平面检校、三维坐标求解四大模块的三维数字照相量测软件系统 Photogram_3D。

(2) 对三维数字照相量测软件 Photogram_3D 进行了精度校验。Photogram_3D 软件在同相机图像同名点匹配上,其精度约为 0.11~0.19 个像素,在异相机图像同名点匹配上,其精度约为 0.55 个像素,在三维坐标求解上,其精度能达 11/50 000 以上。

(3) 对三维数字照相量测软件 Photogram_3D 进行了透明岩体试验应用并得到了透明岩体内部各个布置测点的三维变形时空演化规律。随着巷道的前进开挖,巷道周边各个测点的径向位移值都将逐渐增大,且距巷道表面距离越近,其值变化越大。随着模型顶部荷载的增大,巷道顶部岩体以发生整体性的向下滑动为主,且巷道两帮和顶部测点的径向位移 u 都与模型顶部荷载 p 呈指数增长关系,其中,左帮最靠近巷道表面的测点 P18 的径向位移 $u_{1p\text{-}18}$ 与 p 的关系为 $u_{1p\text{-}18} = -13.305/(1+\mathrm{e}^{(p-0.594)/0.117})+11.986, R^2 = 0.993$。

5 基于透明岩体试验的深部巷道破裂时空演化规律研究

深埋巷道岩体在开挖过程中通常都会变形失稳破坏,其直观表现为岩体内部裂隙的萌生、扩展、贯通及失稳破坏过程,可以说,了解和掌握岩体随开挖的内部破裂时空演变特征是巷道进行有效支护的关键。然而实际工程或当前物理试验却都很难直接观测到岩体内部裂隙的发展演化过程,这就无法对岩体破裂的位置或扩展方向进行准确支护,造成支护浪费或失效。因此,本章基于透明岩体相似材料,探讨研究深埋巷道岩体的破裂时空演化规律,将有助于认识深部巷道岩体的破裂力学行为,可为深部工程中诸如破裂围岩的加固时机与范围等稳定控制及解决因围岩破裂导致的工程灾害时空预测问题提供更加科学合理的指导。

5.1 模型巷道开挖时岩体的破裂时空演化规律

5.1.1 巷道横断面围岩破裂

5.1.1.1 制斑观测面处岩体破裂随巷道开挖通过时间的发展演化规律

(1) 方案 1——模型 2

模型 2 制斑观测面处岩体破裂随巷道开挖通过该位置时间的发展过程如图 5-1 所示(包括原始图及素描图)。由图可见,当模型巷道刚开挖通过时,巷道周边各处岩体都未发生破裂;模型巷道开挖通过 1.3 min 时,岩体在巷道左帮先出现一条起裂点为拱腰、长度为 13 mm、延伸方向为斜向下约 70°(与水平方向的夹角)的剪切滑移裂纹;模型巷道开挖通过 3.8 min 时,岩体在与左帮相对应的右帮位置出现多条平行的剪切滑移裂纹,这些滑移裂纹的长度与延伸角度与左帮第一条裂纹大体一致;模型巷道开挖通过 7.3 min 时,岩体左帮的破裂范围迅速增大,即出现了多条与第一条裂纹相平行的剪切滑移裂纹,相应的,巷道右帮的部分裂纹也继续发展、延伸,此时巷道左右两帮岩体的破裂范围大体相同,约为 12 mm,相当于实际工程 0.36 m;模型巷道开挖通过 13.3 min 时,巷道左帮岩体破裂有所扩展,但变化很小,而巷道右帮岩体破裂则基本不变,此时可以认为巷道岩体的应力重新调整已基本保持稳定。

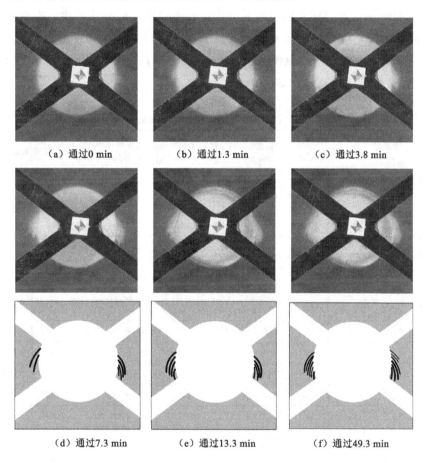

(a) 通过0 min　　　　　(b) 通过1.3 min　　　　　(c) 通过3.8 min

(d) 通过7.3 min　　　　　(e) 通过13.3 min　　　　　(f) 通过49.3 min

图 5-1　模型 2 制斑观测面处岩体随巷道开挖通过时间的破裂发展过程

为定量分析制斑观测面处岩体随巷道开挖通过时间的破裂发展规律,选择几张不同时间段的原始图片并进行裂纹素描后统计,得到了制斑观测面处岩体的宏观裂纹数目 n、宏观裂纹总长 l、破裂区域宽度 b、破裂区域圆心角 θ、破裂分

形维数 D 与巷道通过时间 t 的关系,如表 5-1 所列。其中,宏观裂纹数目 n 指的是独立裂纹(起裂位置不与其他裂纹相接触)的总条数,不包括支裂纹(起裂位置位于其他裂纹上);宏观裂纹总长 l 即是各条宏观裂纹的长度总和;破裂区域宽度 b 是破裂区最外围裂纹点至巷道表面的距离,破裂区域圆心角 θ 则是破裂区域与巷道中心连线的最大夹角,如图 5-2 所示;破裂分形维数 D 指宏观裂纹在一定范围内(边长为 1.6 倍洞径,中心为巷道中心的正方形区域)的几何分形值,它是一种定量描述岩体裂纹复杂程度和不规则性的有效手段。本章共采用了 FractalFox 中的 TPSA(基于三棱形表面积的分形维数法,triangular prism surface area)和 BC(盒维数法,box counting)两种分形维数法,图 5-1(f)素描图的分形维数计算示意如图 5-3 所示。

表 5-1　模型 2 制斑观测面处岩体破裂参数与巷道通过时间的关系

序号	巷道通过时间 t /min	荷载 p /MPa	裂纹数目 n /条	裂纹总长 l /mm	破裂区域宽度 b/mm		破裂区域圆心角 θ/(°)		分形维数	
					左	右	左	右	D_{TPSA}	D_{BC}
1	1.3	0.32	1	14.3	4.1	0.0	16.5	0	2.129	0.670
2	3.8	0.32	4	62.4	4.1	8.7	16.5	26.6	2.137	0.840
3	7.3	0.32	6	113.3	10.6	9.7	30.2	30.4	2.229	0.995
4	13.3	0.32	8	152.6	10.9	10.2	35.6	30.9	2.250	1.099
5	19.3	0.32	9	174.4	11.4	10.2	35.6	30.9	2.247	1.109
6	25.3	0.32	10	176.1	10.7	11.8	36.9	30.1	2.248	1.079
7	31.3	0.32	10	176.1	11.1	11.1	35.9	30.0	2.251	1.092
8	37.3	0.32	10	183.9	11.0	11.9	37.9	31.2	2.255	1.115
9	43.3	0.32	10	183.9	11.1	11.7	38.0	30.5	2.251	1.103
10	49.3	0.32	12	210.0	11.6	11.2	37.8	40.1	2.263	1.129
11	55.3	0.32	13	242.1	12.3	11.7	37.8	39.5	2.280	1.169
12	61.3	0.32	13	242.1	12.4	11.6	38.0	39.5	2.279	1.169
13	67.2	0.32	13	242.1	12.2	11.5	37.5	39.9	2.277	1.171

对表 5-1 中的各项岩体破裂数据进行分析,得到图 5-4。可以看出:

① 随着巷道通过时间的增长,制斑观测面处岩体的裂纹数目和裂纹总长都逐渐增大但增大速率逐渐变小,即,岩体的裂纹数目 n 和裂纹总长 l 与巷道开挖通过时间 t 呈指数衰减关系,其关系式分别为:

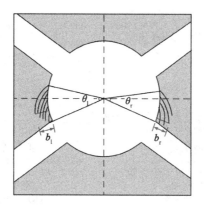

图 5-2　破裂区域宽度 b 与圆心角 θ

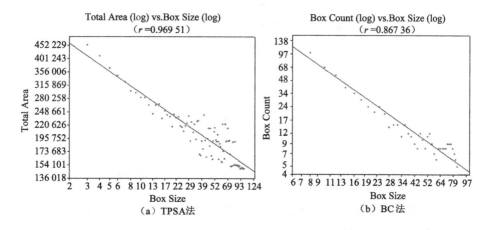

（a）TPSA法　　　　　　　　　（b）BC法

图 5-3　基于 TPSA 和 BC 两种方法的分形维数值计算

$$n = -11.3\mathrm{e}^{-t/17.8} + 12.6, R^2 = 0.942 \tag{5-1}$$

$$l = -211.3\mathrm{e}^{-t/16.4} + 228.5, R^2 = 0.925 \tag{5-2}$$

②随着巷道通过时间的增长,制斑观测面处岩体破裂区域的宽度 b 与圆心角 θ 整体上也呈指数衰减式增大,其中,巷道左帮岩体破裂区的宽度 b_l、圆心角 θ_l 与巷道开挖通过时间 t 的关系式分别为式(5-3)和式(5-4)。当巷道开挖通过时间超过 10 min(对应实际约 1 h)后,岩体的破裂区大小基本不再变化,但处于破裂区内的岩体有可能会继续破裂,使破裂区内岩体的裂纹密度增大。

$$b_\mathrm{l} = -22.3\mathrm{e}^{-t/1.9} + 11.2, R^2 = 0.960 \tag{5-3}$$

$$\theta_\mathrm{l} = -28.3\mathrm{e}^{-t/6.89} + 37.8, R^2 = 0.944 \tag{5-4}$$

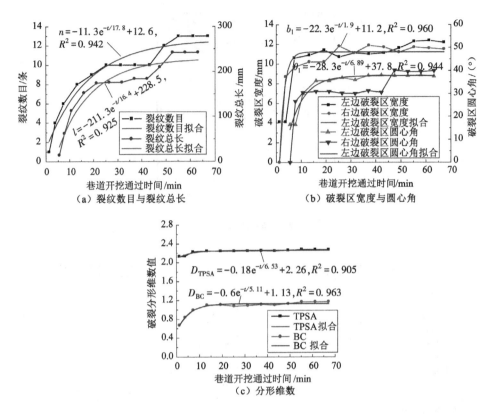

图 5-4　模型 2 制斑观测面处岩体破裂参数与巷道通过时间的关系曲线

③ 随着巷道通过时间的增长,制斑观测面处岩体破裂的盒分形维数 D_{BC} 与三棱形表面积分形维数 D_{TPSA} 基本也呈指数衰减式增大,其与巷道开挖通过时间 t 的关系式分别为:

$$D_{BC} = -0.6e^{-t/5.11} + 1.13, R^2 = 0.963 \tag{5-5}$$

$$D_{TPSA} = -0.18e^{-t/6.53} + 2.26, R^2 = 0.905 \tag{5-6}$$

（2）方案 2——模型 4

图 5-5 为模型 4 制斑观测面处岩体破裂随巷道开挖通过该位置时间的发展过程图。由图可见,当模型巷道刚开挖通过时,巷道周边各处岩体都未发生破裂;当巷道开挖通过 1.5 min 时,岩体在巷道左帮中下位置出现 4 条短小且延伸方向不定的裂纹,在巷道右帮拱腰位置则出现 4 条长度约 8.3 mm、延伸方向为斜向下约 70° 的相互平行剪切滑移裂纹;当巷道开挖通过 1.8 min 时,岩体破裂在巷道右帮扩展变化不明显,在巷道左帮,于拱腰附近新增一条长度约 19 mm、

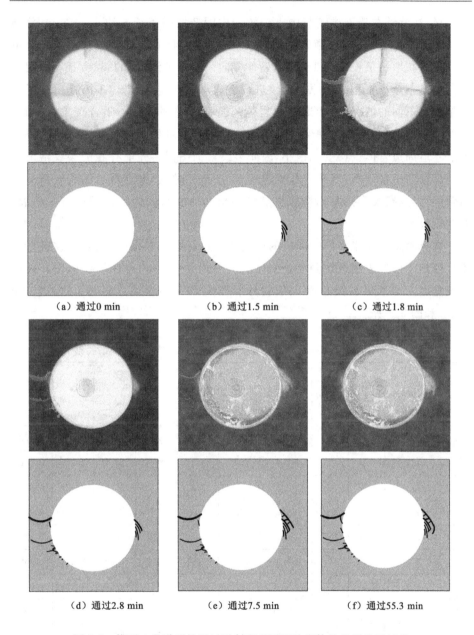

（a）通过0 min   （b）通过1.5 min   （c）通过1.8 min

（d）通过2.8 min   （e）通过7.5 min   （f）通过55.3 min

图 5-5　模型 4 巷道开挖通过后制斑观测面处岩体的破裂发展过程

延伸方向为水平的裂纹，于中下位置新增 3 条短小裂纹且原先的短小裂纹长度均有所增长；当巷道开挖通过 2.8 min 时，岩体破裂在巷道右帮的扩展变化仍不明显,在巷道左帮于拱腰与中下位置的中间新增一条长度约 17.6 mm、延伸方向为水平的裂纹;当巷道开挖通过 7.5 min 时,巷道右帮岩体在原先破裂位置稍上处新增一条长度为 16 mm,延伸方向为斜向下约 48°的裂纹,且新增裂纹会产生几条短小支裂纹与原先裂纹进行连通,而巷道左帮岩体破裂则出现了与右帮明显不同的情况,即巷道左帮岩体的所有裂纹都发生了闭合现象,仅剩拱腰处一条可见裂纹,但考虑到裂纹虽然发生闭合不可见,但实际上仍是存在的,加上巷道周边岩体位移变化很小,因此裂纹素描图仍将先前存在的裂纹给出以方便后续的定量分析;当巷道开挖通过 55.3 min 时,巷道左帮岩体裂纹都基本闭合不可见(裂纹素描图仍将原先裂纹给出),而右帮岩体裂纹稍微有些扩展,但变化很小。

选择模型 4 几张不同时间段的原始图片进行裂纹素描(对闭合裂纹进行修正),得到了模型 4 制斑观测面处岩体的宏观裂纹数目 n、宏观裂纹总长 l、破裂区域宽度 b、破裂区域圆心角 θ、破裂分形维数 D 与巷道通过时间 t 的关系,如表 5-2 和图 5-6 所示。

表 5-2　模型 4 制斑观测面处岩体破裂参数与巷道通过时间的关系

序号	巷道通过时间 t /min	荷载 p /MPa	裂纹数目 n /条	裂纹总长 l /mm	破裂区域宽度 b/mm		破裂区域圆心角 θ/(°)		分形维数	
					左	右	左	右	D_{TPSA}	D_{BC}
1	0.7	0.26	3	7.4	1.5	1.1	8.5	8.2	2.073	0.473
2	1.2	0.26	5	23.7	1.5	3.1	8.5	20.5	2.107	0.756
3	1.5	0.26	8	41.1	3.1	3.6	27.4	25.1	2.128	0.812
4	1.8	0.26	13	73.2	19.3	3.8	67.7	25.1	2.181	0.902
5	2.8	0.26	15	95.3	19.3	5.6	67.7	25.3	2.207	1.042
6	3.5	0.26	16	108.5	19.3	7.0	67.7	38.5	2.216	1.068
7	4.8	0.26	17	121.4	19.3	7.2	67.7	38.6	2.221	1.075
8	7.5	0.26	17	127.6	19.3	8.7	67.7	38.6	2.231	1.091
9	17.7	0.26	17	132.4	19.3	9.1	67.7	38.6	2.239	1.082
10	27.0	0.26	17	132.4	19.3	9.1	67.7	38.6	2.234	1.092
11	55.3	0.26	18	136.9	19.3	9.1	67.7	38.6	2.242	1.129

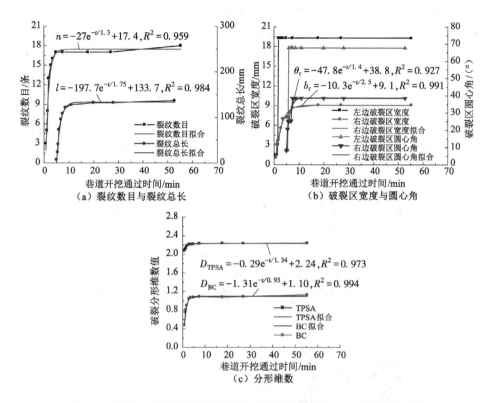

图 5-6 模型 4 制斑观测面处岩体破裂参数与巷道通过时间的关系曲线

由图 5-6 可知，模型 4 的岩体破裂参数随巷道开挖通过时间的变化发展规律与模型 2 基本一致，即，它们都随巷道开挖通过时间呈指数衰减式增长。其中，宏观裂纹数目 n、宏观裂纹总长 l、右帮破裂区域宽度 b_r、右帮破裂区域圆心角 θ_r、破裂分形维数 D_{BC} 和 D_{TPSA} 与巷道通过时间 t 的关系式分别如下：

$$n = -27e^{-t/1.3} + 17.4, R^2 = 0.959 \tag{5-7}$$

$$l = -197.7e^{-t/1.75} + 133.7, R^2 = 0.984 \tag{5-8}$$

$$b_r = -10.3e^{-t/2.5} + 9.1, R^2 = 0.991 \tag{5-9}$$

$$\theta_r = -47.8e^{-t/1.4} + 38.8, R^2 = 0.927 \tag{5-10}$$

$$D_{TPSA} = -0.29e^{-t/1.34} + 2.24, R^2 = 0.973 \tag{5-11}$$

$$D_{BC} = -1.31e^{-t/0.93} + 1.10, R^2 = 0.994 \tag{5-12}$$

5.1.1.2 不同开挖分步下岩体的破裂发展规律

如 3.2.4 小节所述，方案 1 和方案 2 的巷道模型都是分三步开挖完成。

图 5-7 给出了方案 2 模型 4 不同开挖分步下巷道周边岩体横向的变形破裂图。由于试验过程中,仅对模型顶部进行加载,巷道底部则距加载面较远且中间隔着巷道,导致巷道第一步开挖完成后,巷道两帮靠近拱腰的位置首先出现剪切滑移裂纹,且这些裂纹以正裂纹(裂纹延伸方向向下)为主,逆裂纹(裂纹延伸方向向上)则很少;对比左右两帮破裂区域可知,由于模型制作或开挖不可能做到完全对称,巷道两帮岩体的破裂发展也将存在区别,此时巷道右帮岩体的破裂范围要明显大于左帮;另外,巷道第一步开挖完成后,由于前方开挖面处于临空状态,因此在模型顶部恒载作用下,其中心附近也发生了一定的破裂现象。

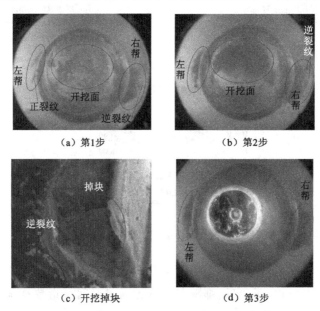

（a）第1步   （b）第2步

（c）开挖掉块   （d）第3步

图 5-7 模型 4 不同开挖分步下巷道周边岩体横向破裂情况

巷道第 2 步开挖完成后,如图 5-7(b)所示,巷道顶、底板处的岩体依然不会发生破裂,而两帮拱腰附近的岩体裂纹则快速扩展,尤其是左帮,表现为裂纹条数的增多、已有裂纹的继续延伸和破裂区域的增大;而且此时,开挖面受模型端面摩擦影响最小,在荷载作用下,其中上部位置的岩体将出现明显的片面状裂纹,如图 5-7(c)所示。从图 5-7(d)可以看出,巷道从第 2 步开挖完成至第 3 步开挖完成,巷道两帮岩体的裂纹扩展变化很小。以上分步开挖结果说明,巷道的后一进尺开挖会对前一进尺的岩体破裂产生较大影响,对再进尺的岩体破裂影响则相对较小。

5.1.2 巷道纵断面围岩破裂

为研究巷道开挖过程中,岩体破裂在巷道纵向上的演化发展规律,设计了方案 3,即使用模型 6。模型 6 纵向长度为 20 cm,共分 5 步开挖完成,图 5-8 给出了不同巷道开挖分步下岩体在纵向上的破裂分布图。

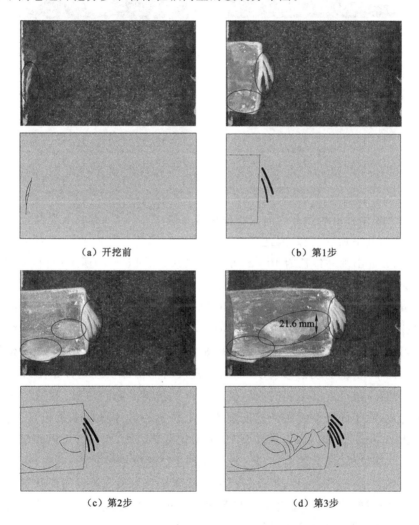

(a) 开挖前　　　　　　　　　　　(b) 第1步

(c) 第2步　　　　　　　　　　　(d) 第3步

图 5-8　模型 6 不同开挖分步下巷道岩体沿纵向的破裂分布情况

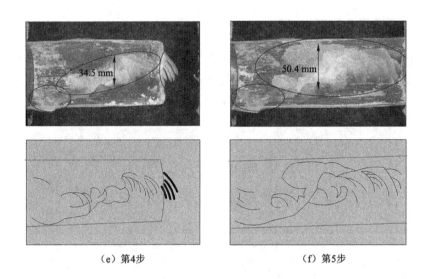

(e) 第4步   (f) 第5步

图 5-8(续)

  由于模型巷道起始开挖面位于模型最左侧中心位置,当取下模型箱前面的玻璃盖时,其呈临空状态,因此在巷道开挖前岩体就会在起始开挖面中心前方约 10 mm 处出现一条长约 40 mm 的竖向裂纹,如图 5-8(a)所示;当巷道第 1 步开挖完成时,岩体除了在开挖面前方中上位置出现了 2 条相互平行、长度约为2.5 cm、延伸方向为斜向下 70°的剪切滑移裂纹外,也在第 1 进尺内的帮部中下位置开始出现面状裂纹[对应图 5-7(c)所示的逆裂纹];当巷道第 2 步开挖完成时,岩体在开挖面前方中上位置会出现 3 条相互平行、长度约为 26 mm、延伸方向为斜向下 70°的剪切滑移裂纹,在第 2 进尺内的帮部拱腰则开始出现面状裂纹,同时第 1 进尺内已出现的面状裂纹将得到扩展并隐约可见;巷道的第 3 步开挖完成,除了同样会使在开挖面前方中上位置的岩体出现多条相互平行、长度约为 26 mm、延伸方向为斜向下 70°的剪切滑移裂纹,在该进尺内的帮部拱腰出现面状裂纹外,还会使前 2 步开挖出现的岩体裂纹继续扩展,此时,第 1 进尺内的面状裂纹已清晰可见,第 2 进尺的面状裂纹则与第 3 进尺的面状裂纹部分重叠,呈"鱼鳞"状分布;巷道第 4 步和第 5 步的开挖对岩体破裂的影响与第 3 步大体相同,即主要对该进尺及前两进尺的拱腰处岩体破裂产生较大影响,如第 3 进尺的岩体破裂区高度在第 3 步开挖完成后为 21.6 mm,至第 4 步变为34.5 mm,第 5 步则扩展至 50.4 mm。

  当模型巷道全部开挖完成后,如图 5-8(f)所示,可以看出巷道岩体破裂在纵向分布上呈现明显的空间区域特征:破裂裂纹主要集中在巷道拱腰位置并沿巷道纵向呈"鱼鳞"状分布;从破裂范围大小来看,岩体在纵向中心位置破裂范围最大,两端则相对较小。

5.2 模型巷道加载时岩体的破裂时空演化规律

5.2.1 巷道横断面围岩破裂

5.2.1.1 方案 1——模型 2

模型 2 巷道开挖结束后,对模型顶部进行分级加载,图 5-9 为模型 2 制斑观测面处岩体在不同顶部荷载作用下的破裂图。由图可知:

(1) 在模型顶部荷载加至 0.40 MPa 时,岩体在巷道两侧拱腰处出现的裂纹虽稍有延伸,但变化不大。

(2) 当顶部荷载增至 0.48 MPa 时,岩体除了在右帮原先破裂区上方 3 mm 处新增一条长度约为 37 mm、延伸方向为斜向下 45°的正裂纹,右帮破裂区宽度由 11 mm 增至 22 mm 外,在左帮中下位置也开始出现一条长度约为 18 mm、延伸方向为斜向上 30°的逆裂纹。

(3) 当顶部荷载继续加载至 0.64 MPa 时,巷道岩体破裂区的裂纹数和范围明显增大,主要表现为:① 两帮已有的裂纹继续增长、增宽且部分裂纹开始贯通;② 在左帮原先破裂区的上方新增一条长度为 34 mm、延伸方向为斜向下 27°的正裂纹,在右帮原先破裂区的上方新增一条长度为 38 mm、延伸方向为斜向下 42°的正裂纹;③ 在左帮破裂区内于第一条逆向裂纹上方 5 mm 处平行出现第二条逆向裂纹。

(4) 当巷道顶部荷载为 0.72 MPa 时,巷道左上和右上位置的岩体都发生了较大的收敛变形,导致巷道左右两帮岩体的裂纹发生了一定的偏转。相对右帮而言,左帮岩体的裂纹条数和破裂范围明显增大:① 已出现的裂纹,其长度增长迅速;② 在原先破裂区上方外侧出现了多条裂纹,这些裂纹的延伸方向约为斜向下 30°~42°。

(5)当巷道顶部荷载增至 0.80 MPa 时,巷道左上和右上位置岩体的收敛变形更加明显,巷道左右两帮岩体的裂纹偏转加剧,此时:① 巷道左帮岩体的裂纹扩展变化很小,有些甚至发生了闭合现象;② 巷道右帮岩体已有裂纹延伸与贯通明显,但少量裂纹也发生了一定的闭合;③ 岩体在右帮原先破裂区上方外侧新增了两条长度为 21 mm、延伸方向为斜向下 38°的平行正裂纹。④ 巷道顶板和底板岩体都开始出现水平裂纹。

（6）当巷道顶部荷载达到 0.87 MPa 时，巷道左上和右上位置的岩体已发生严重的变形，巷道左右两帮岩体的裂纹将发生大幅度的偏转并且闭合加剧（但素描图仍将原先出现的裂纹绘出），而巷道顶、底板的裂纹数量明显增加，说明巷道周边岩体破裂开始向巷道顶、底板发展转移。

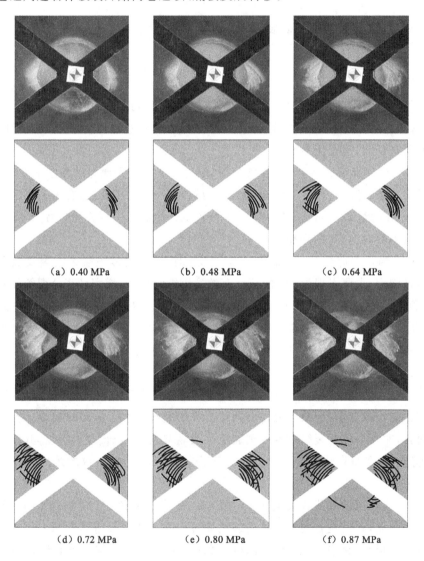

(a) 0.40 MPa   (b) 0.48 MPa   (c) 0.64 MPa

(d) 0.72 MPa   (e) 0.80 MPa   (f) 0.87 MPa

图 5-9 模型 2 顶部荷载逐级加载下巷道周边岩体的破裂发展过程

另外,为定量分析制斑观测面处岩体随模型顶部荷载的破裂发展规律,选择模型 2 几张不同荷载段的原始图片进行裂纹素描后统计,得到制斑观测面处岩体的宏观裂纹数目 n、宏观裂纹总长 l、破裂区域宽度 b、破裂区域圆心角 θ、破裂分形维数 D 与模型顶部荷载 p 的关系,如表 5-3 所列。需要说明的是,由于模型 2 的钢框架存在对角线肋板,遮挡了一部分巷道岩体的变形破裂发展观测,导致统计得到的各破裂参数虽然与实际存在一定偏差,特别是破裂圆心角 θ,但其发展趋势与实际基本保持一致,因此统计得出的各项破裂参数仍能说明一定问题。

表 5-3　模型 2 巷道周边岩体破裂参数与模型顶部荷载的关系

序号	加载时间 t /min	荷载 p /MPa	裂纹数目 n /条	裂纹总长 l /mm	破裂区域宽度 b/mm		破裂区域圆心角 θ/(°)		分形维数	
					左	右	左	右	D_{TPSA}	D_{BC}
1	0	0.32	13	242.1	12.2	11.5	37.5	39.9	2.277	1.171
2	15.0	0.40	14	317.7	15.7	11.4	47.8	46.9	2.255	1.115
3	30.0	0.41	14	319.0	16.0	11.5	47.8	46.9	2.300	1.214
4	45.0	0.48	16	432.0	15.4	22.5	47.8	46.9	2.351	1.261
5	60.0	0.49	16	434.7	15.6	22.0	47.8	46.9	2.350	1.275
6	75.0	0.56	18	517.2	25.2	22.4	47.8	46.9	2.377	1.344
7	90.0	0.56	18	547.8	25.8	22.3	47.8	46.9	2.377	1.334
8	105.0	0.64	19	606.3	25.8	22.6	47.8	46.9	2.373	1.330
9	120.0	0.65	22	710.2	26.1	26.1	47.8	46.9	2.381	1.318
10	135.0	0.72	29	932.6	37.8	27.6	47.8	46.9	2.442	1.413
11	150.0	0.73	29	943.9	38.8	29.0	47.8	46.9	2.449	1.415
12	165.0	0.80	31	967.8	45.8	38.2	90.9	79.2	2.478	1.354
13	180.0	0.81	33	985.9	47.8	39.4	92.9	79.5	2.453	1.366
14	195.0	0.87	38	1081.0	46.7	39.9	165.1	89.6	2.465	1.339

对表 5-3 中的各项岩体破裂参数进行拟合分析,得到图 5-10。由图可知:

(1) 随着模型顶部荷载的增加,制斑观测面处岩体的裂纹数目和裂纹总长都将逐渐增大且增大速率也逐渐变大,即,岩体的裂纹数目 n 和裂纹总长 l 与模型顶部荷载 p 呈指数增长关系,其关系式分别为:

$$n = 1.32 \mathrm{e}^{p/0.275} + 8.23, R^2 = 0.964 \tag{5-13}$$

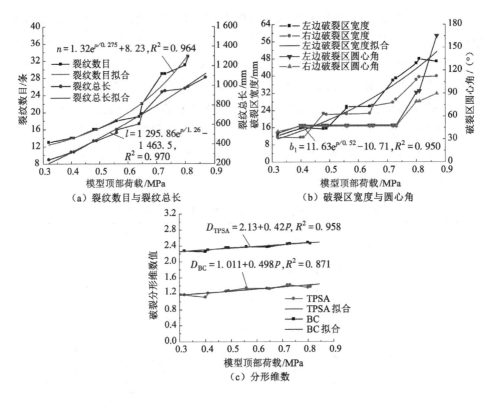

图 5-10　模型 2 巷道周边岩体破裂参数与模型顶部荷载的关系曲线

$$l = 1\ 295.86e^{p/1.26} - 1\ 463.5, R^2 = 0.970 \tag{5-14}$$

（2）随着模型顶部荷载的增加，制斑观测面处岩体破裂区宽度 b 与圆心角 θ 整体上也呈指数递增式增大，其中，巷道左帮岩体破裂宽度 b_1 与模型顶部荷载 p 的关系式为：

$$b_1 = 11.63e^{p/0.52} - 10.71, R^2 = 0.950 \tag{5-15}$$

（3）随着模型顶部荷载的增加，制斑观测面处岩体破裂的盒分形维数 D_{BC} 与三棱形表面积分形维数 D_{TPSA} 呈线性增大，其与模型顶部荷载 p 的关系式分别为：

$$D_{TPSA} = 2.13 + 0.42p, R^2 = 0.958 \tag{5-16}$$

$$D_{BC} = 1.011 + 0.498p, R^2 = 0.871 \tag{5-17}$$

5.2.1.2　方案 2——模型 4

当模型 4 巷道开挖结束后，对其顶部进行逐级加载，得到模型 4 制斑观测面处岩体随顶部荷载增加的破裂发展过程，如图 5-11 所示。由图可知：

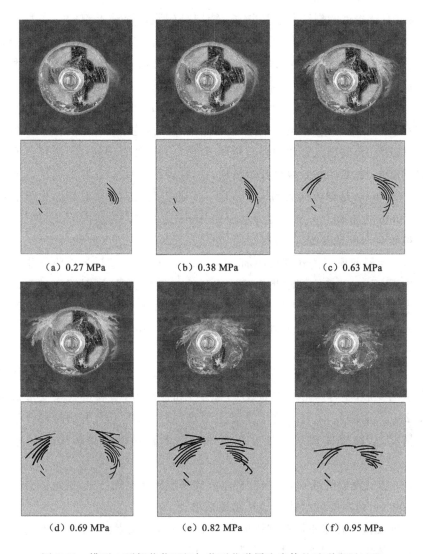

　　（a）0.27 MPa　　　　　　（b）0.38 MPa　　　　　　（c）0.63 MPa

　　（d）0.69 MPa　　　　　　（e）0.82 MPa　　　　　　（f）0.95 MPa

图 5-11　模型 4 顶部荷载逐级加载下巷道周边岩体的破裂发展过程

　　（1）当模型顶部荷载为 0.27 MPa 时，巷道左帮岩体除两条短小逆向裂纹外，其他裂纹都已闭合不再可见（考虑试验后段，巷道会在高顶部荷载作用下发生严重变形，这些闭合裂纹修正起来较为困难，即使勉强完成修正，也可能与实际存在较大偏差，故不再对它们进行手绘修正）；而巷道右帮岩体在开挖阶段出现的裂纹则稍有扩展延伸，但变化不大。

　　（2）当模型顶部荷载达到 0.38 MPa 时，巷道左帮岩体的裂纹扩展变化很小，巷道右帮岩体的裂纹则有所增长，特别是破裂区除最上部的一条裂纹由原先的 19 mm 竖直向下延伸至 40 mm 外，还在其上方 2 mm 处新增了一条长度为 22 mm、延伸方向为斜向下 50°的正裂纹。此时，右帮岩体破裂区宽度和圆心角与顶部荷载为 0.27 MPa 时相比，分别增大了 1.8 mm 和 30°。

（3）模型顶部荷载由 0.38 MPa 增至 0.63 MPa 的过程中，岩体在巷道两帮的破裂扩展变化不大，直至荷载达到 0.63 MPa 时，巷道两帮岩体突然发生较大的扩展破裂，其破裂区宽度和圆心角明显增大。主要表现为：① 两帮已有的裂纹继续增长、增宽且部分裂纹开始贯通；② 在左帮的中上位置出现了 3 条长度为 18～28 mm、延伸方向为斜向下 35°～42°的正裂纹；③ 在右帮原先破裂区的上方 2 mm 处新增了一条长度分别为 28 mm、延伸方向为斜向下 23°的正裂纹，且该裂纹会与原先破裂区贯通。

（4）当模型顶部荷载继续增加，达到 0.69 MPa 时，巷道岩体将发生更大的扩展破裂：① 左帮已有裂纹将快速扩展延伸并相互贯通，同时原先破裂区的上方和下方新增了 2 条长度为 12～30 mm、延伸角度为斜向下 17°～57°的正裂纹；② 右帮原先破裂区的上方新增了 2 条长度为 20～30 mm、延伸角度为斜向下 8°～22°的正裂纹。

（5）当模型顶部荷载达到 0.82 MPa 时，巷道左上和右上位置的岩体已发生严重的变形，左右两帮岩体裂纹发生闭合和偏转（由于巷道收敛变形破坏比模型 2 要严重得多，闭合裂纹手绘修正困难，故素描图不给出此时闭合裂纹的分布情况，后续岩体破裂定量分析也不考虑此种情形），顶板岩体开始出现裂纹。

（6）随着模型继续加载，巷道岩体收敛变形破坏愈加严重，裂纹闭合速度也越来越快，但顶板的裂纹数量却开始逐渐增加。

选择模型 4 几张不同荷载段的原始图片进行裂纹素描后统计，得到制斑观测面处岩体的宏观裂纹数目 n、宏观裂纹总长 l、破裂区域宽度 b、破裂区域圆心角 θ、破裂分形维数 D 与模型顶部荷载 p 的关系，如表 5-4 和图 5-12 所示。由图 5-12 可以看出，模型 4 的岩体破裂参数随模型顶部荷载的变化发展规律与模型 2 基本一致，即，宏观裂纹数目 n、宏观裂纹总长 l、破裂区域宽度 b 及破裂区域圆心角 θ 与模型顶部荷载 p 呈指数增长关系，破裂分形维数 D_{BC} 和 D_{TPSA} 与模型顶部荷载 p 则呈线性增长关系。它们的关系式分别为：

$$n = 0.29e^{p/0.19} + 5.6, R^2 = 0.968 \tag{5-18}$$

$$l = 21.3e^{p/0.24} + 7.3, R^2 = 0.961 \tag{5-19}$$

$$b_r = 2e^{p/0.3} + 3.7, R^2 = 0.967 \tag{5-20}$$

$$\theta_r = 101.2e^{p/1.4} - 79.7, R^2 = 0.862 \tag{5-21}$$

$$D_{\text{TPSA}} = 1.92 + 0.67p, R^2 = 0.958 \tag{5-22}$$

$$D_{\text{BC}} = 0.78 + 0.79p, R^2 = 0.978 \tag{5-23}$$

表 5-4 模型 4 巷道周边岩体破裂参数与模型顶部荷载的关系

序号	加载时间 t/min	荷载 p/MPa	裂纹数目 n/条	裂纹总长 l/mm	破裂区域宽度 b/mm		破裂区域圆心角 θ/(°)		分形维数	
					左	右/	左	右	D_{TPSA}	D_{BC}
1	0.0	0.27	7	78.1	1.8	8.9	20.0	32.9	2.134	0.985
2	15.0	0.38	8	125.3	1.8	10.7	20.0	63.0	2.182	1.099
3	30.0	0.38	8	127.4	1.8	10.8	20.0	63.0	2.190	1.117
4	45.0	0.48	9	145.8	1.8	11.8	20.0	63.5	2.000	1.135
5	60.0	0.50	9	148.3	1.8	12.6	20.0	63.5	2.201	1.145
6	75.0	0.50	9	149.6	1.8	13.1	20.0	63.4	2.212	1.159
7	90.0	0.63	13	288.2	12.9	20.4	67.4	71.2	2.317	1.243
8	105.0	0.63	13	298.4	13.1	20.4	67.4	71.5	2.343	1.262
9	120.0	0.69	19	451.6	20.4	20.5	77.0	92.0	2.428	1.372
10	135.0	0.75	20	458.7	22.0	24.9	92.6	95.6	2.429	1.384
11	150.0	0.75	20	463.1	22.3	26.7	92.6	95.6	2.419	1.365

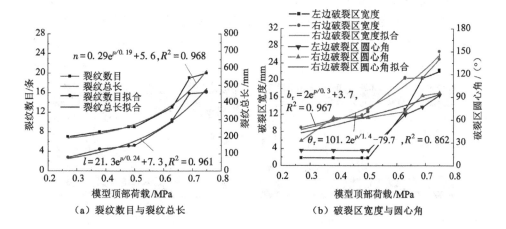

图 5-12 模型 4 巷道周边岩体破裂参数与模型顶部荷载的关系曲线

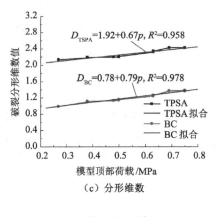

（c）分形维数

图 5-12　（续）

5.2.2　巷道纵断面围岩破裂

图 5-13 为不同顶部荷载下方案 3（模型 6）岩体在纵向上的破裂发展过程图。从图中可以看出，模型顶部荷载加至 0.42 MPa 时，岩体在纵向上的裂纹扩展变化并不明显，如图 5-13(a)所示。而后，模型顶部荷载由 0.42 MPa 增加到 0.56 MPa 时，第 2 进尺内的岩体面状裂纹区域稍微扩大，即图 5-13(b)虚线所示的标注区。同时，位于各个进尺（特别是第 3 进尺）拱腰处破裂区岩块的剥离趋势越加明显，当模型顶部荷载达到 0.56 MPa 的瞬间，第 3 进尺处的破裂区岩块突然发生剥落，如图 5-13(c)所示。当模型顶部荷载继续增加时，巷道顶、底板收敛变形速率变快，岩体拱腰处的纵向裂纹开始被压密，达到 0.69 MPa 时，岩体拱腰处的纵向裂纹有相当一部分已闭合不可见。当模型顶部荷载为 0.74 MPa时，巷道已严重变形，此时巷道顶、底板开始不均匀下沉或隆起，产生

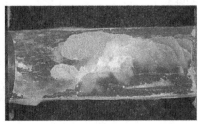

（a）0.42 MPa

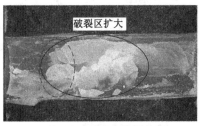

（b）0.56 MPa稍前

图 5-13　模型 6 顶部荷载逐渐加载下巷道岩体沿纵向的破裂发展过程

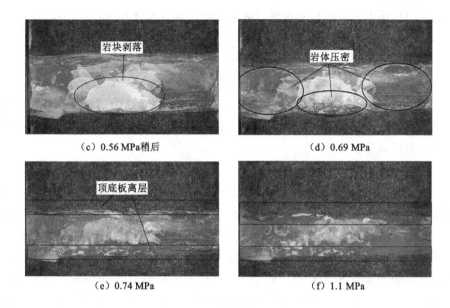

图 5-13（续）

拉伸破裂和离层现象,如图 5-13(e)所示。此后,随着顶部荷载的增加,顶、底板收敛变形愈加严重,岩体纵向裂纹闭合也越加明显。

5.3　深埋圆形巷道岩体的破裂发展规律分析

5.3.1　模型 2 和模型 4 岩体破裂结果的异同点分析

由 5.1 节和 5.2 节的破裂分析结果可以看出,模型 2 和模型 4 分析得到的巷道岩体破裂时空演化规律基本相同,只不过由于模型 2 的钢框架存在钢肋板,导致该模型的部分破裂发展观测受到影响,特别是破裂圆形角 θ 的发展情况。模型 4 由于不受肋板遮挡,其破裂发展观测较为全面,但因几何相似比小于模型 2,其两帮裂纹扩展的对称性和同步性都比模型 2 差。

5.3.2　深埋圆形巷道岩体的破裂发展时空演化规律

虽然本书试验只在模型顶部进行加载,巷道中心以下的岩体破裂很不明显,但实际工程中,巷道上下(或左右)两侧岩体因应力条件大体相同导致它们的破裂发展规律也基本一致。因此,基于本章试验分析结果,可以总结得出无构造应力作用下深部圆形巷道围岩的破裂时空演化规律如下：

（1）在时间演化规律方面

① 巷道横断面岩体的宏观裂纹数目、宏观裂纹总长、破裂区域宽度、破裂区域圆心角、破裂分形维数与巷道开挖通过时间呈指数衰减式增长。

② 巷道横断面岩体的宏观裂纹数目、宏观裂纹总长、破裂区域宽度及破裂区域圆心角与模型顶部荷载呈指数增长关系，破裂分形维数则与模型顶部荷载呈线性增长关系。

（2）在空间演化规律方面

① 在巷道横向上，巷道刚开挖通过某一位置横断面岩体时，该横断面岩体各处都没有立即发生破裂，如图5-14(a)所示，而是在通过约5 min后，开始在巷道的拱腰偏上和偏下的位置各出现一条斜向上或斜向下的剪切滑移裂纹，如图5-14(b)所示。接着，随着巷道的继续向前开挖，这4条剪切裂纹逐渐增长，并在其两旁新增几条大致平行的裂纹，同时上下两侧裂纹开始在拱腰外侧交汇，如图5-14(c)所示。当巷道继续向前开挖下一进尺或顶部岩体应力增大时，如图5-14(d)所示，巷道上下两侧原先裂纹将向深部延伸扩展，并在扩展的过程中，发生相互交错、贯通，将两帮拱腰附近的围岩切割成包含不同块度楔体的破

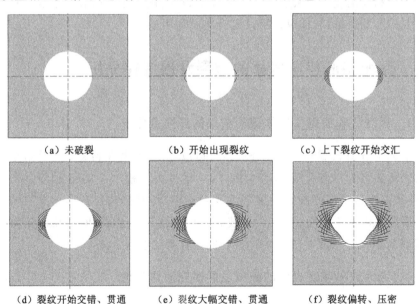

|（a）未破裂|（b）开始出现裂纹|（c）上下裂纹开始交汇|
|（d）裂纹开始交错、贯通|（e）裂纹大幅交错、贯通|（f）裂纹偏转、压密|

图5-14 无构造应力下深埋巷道岩体在横断面上的破裂发展过程

裂结构岩体,即产生类似"对数螺旋线"的分区破裂现象;同时,岩体在左右两帮原先破裂区的上下方也新增了几条剪切滑移裂纹。随着顶面应力的继续增加,如图 5-14(e)所示,岩体除在左右两帮原先破裂区的上下方新增多条剪切滑移裂纹外,原先裂纹还继续扩展,发生更大幅度的交错和贯通,两侧拱腰附近的围岩更加破碎。当左右两帮岩体的裂纹扩展至巷道 4 个对角点位置(即在中心斜向上或斜向下 45°方向),由于巷道在这 4 个位置发生较大的收敛变形导致原先裂纹发生偏转,部分裂纹开始闭合,岩体破裂往巷道顶、底板发展转移,如图 5-14(f)所示。

② 在巷道纵向上,巷道每个进尺的开挖都会对该进尺掌子面中心处、拱腰处以及前两进尺拱腰处的岩体破裂产生较大影响,当巷道开挖完成后,整个巷道拱腰处的裂纹将沿纵向呈"鱼鳞"状分布;随着竖向应力的增加,巷道岩体在纵向上的破裂扩展可分为拱腰处岩体裂纹大幅扩展、拱腰处岩体发生剥落、拱腰处岩体裂纹被压密、顶底板岩体发生破裂 4 个阶段。

5.3.3　与现有研究结果的对比分析及相应支护对策

（1）与现有研究结果的对比

将本章巷道的破裂分析结果和现有研究成果对比,可知,本章获得的无构造应力下的巷道时空演化规律与高富强[117]、张晓君[118]等人的试验或数值模拟结果相符合(如只在巷道两帮发生破裂而顶、底部岩体不发生破裂,巷道两帮破裂逐渐往深部、顶底部延伸等),进一步说明了本书采用的透明相似材料适合模拟岩体的破裂特征,是一种有效的岩体相似物理模拟实验材料。值得一提的是,本章采用素描统计的方式,对巷道岩体的破裂发展进行了定量分析,得到了岩体破裂程度与开挖时间、顶部应力的关系式。

（2）支护对策

岩体的破裂与变形密不可分,通常巷道岩体破裂程度最严重的地方,该处岩体的变形也较大,因此,由本章巷道破裂分析结果得出的巷道支护对策与第 3 章巷道变形分析结果得出的巷道支护对策相同,这里不再赘述。

5.4　本章小结

本章基于透明岩体相似材料,对模型巷道开挖和加载条件下岩体横纵断面的破裂发展演化规律进行研究,得到以下几个结果:

（1）在时间演化规律方面

① 得到了巷道岩体破裂相关参数与开挖时间的关系式。巷道横断面岩体的宏观裂纹数目、宏观裂纹总长、破裂区域宽度、破裂区域圆心角、破裂分形维数随巷道开挖通过时间呈指数衰减式增长。

② 获得了巷道岩体破裂相关参数与顶部荷载的关系式。巷道横断面岩体的宏观裂纹数目、宏观裂纹总长、破裂区域宽度及破裂区域圆心角与模型顶部荷载呈指数增长关系，破裂分形维数则与模型顶部荷载呈线性增长关系。

（2）在空间演化规律方面

① 指出了巷道岩体破裂在横断面上的发展演化规律。在巷道横向上，巷道岩体在横断面上的破裂发展大致可以分为未破裂、裂纹开始出现、上下裂纹开始交汇、裂纹开始交错贯通、裂纹大幅交错贯通、裂纹偏转压密 6 个阶段。

② 指出了巷道岩体破裂在纵断面上的发展演化规律。在巷道纵向上，巷道每个进尺的开挖都会对该进尺掌子面中心处、拱腰处以及前两进尺拱腰处的岩体破裂产生较大影响，当巷道开挖完成后，整个巷道拱腰处的裂纹将沿纵向呈"鱼鳞"状分布；随着竖向应力的增加，巷道岩体在纵向上的破裂扩展可分为拱腰处岩体裂纹大幅扩展、拱腰处岩体发生剥落、拱腰处岩体裂纹被压密、顶底板岩体发生破裂 4 个阶段。

6　深部岩体变形破裂的 PFC3D 数值模拟研究

　　毋庸置疑,物理试验是探讨深部岩体变形破裂机制的最主要手段,但由于其存在设备复杂、试验费用高、无法全面考虑岩体介质非均匀性与非连续性影响等问题,使得该方法的运用受到了很大的限制。数值模拟则不受此方面的限制,它具有成本低、灵活性强、速度快、受试验相关条件干扰小、能够重现岩体变形破裂过程等优点,其中,PFC3D 离散颗粒流作为一种新兴的离散元分析方法,在反映岩石类材料基本特性、岩石类介质变形破裂发展过程上具有极大的优越性。为此,本章以岩体的宏观力学参数(弹性模量、单轴抗压强度等)为依据,反算岩体在 PFC3D 软件中的各个细观材料参数,然后在此基础上开展深部巷道岩体的变形破裂时空演化规律研究。

6.1　深部巷道岩体的 PFC3D 数值模型建立

6.1.1　深部巷道岩体的细观参数确定

　　为获得深部巷道岩体在 PFC3D 中的各个细观参数,首先采用 PFC3D 程序建立巷道岩体的单轴压缩数值模型。模型高度为 91.7 mm,直径为 55.3 mm,如图 6-1(a)所示。然后根据表 3-1 给定的岩体宏观力学参数反复调整细观参数进行试算,最终得到与岩体宏观力学参数相符合的单轴和三轴压缩应力应变曲线,如图 6-1(b)和(c)所示,进而选定巷道围岩的各个细观力学参数(如表 6-1所列)。

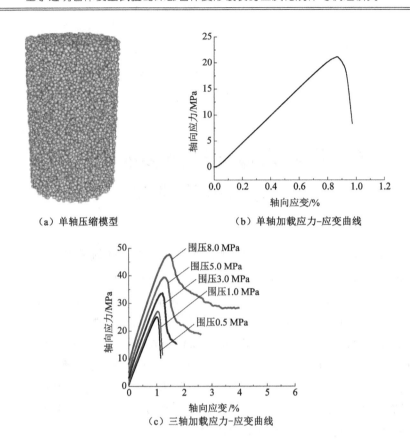

（a）单轴压缩模型　　　　　　（b）单轴加载应力-应变曲线

（c）三轴加载应力-应变曲线

图 6-1　基于 PFC3D 的巷道围岩压缩试验

表 6-1　巷道围岩在 PFC3D 中的各个细观力学参数

材料	变量参数	数值	材料	变量参数	数值
颗粒	密度/(kg/m³)	3 000	胶结物（平行连接）	法向强度均值/Pa	1×10^7
	最小半径/mm	0.8		法向强度标准差/Pa	1×10^6
	粒径比	1.66		切向强度均值/Pa	2×10^7
	接触模量/Pa	3.0×10^9		切向强度标准差/Pa	1×10^6
	刚度比	1.0		弹性模量/Pa	1×10^9
	摩擦系数	0.6		刚度比	1.0

6.1.2　深部巷道岩体的数值模型建立

在 PFC3D 中,深部巷道开挖数值模型是以在四面封闭的墙体内填充岩石颗粒的方式生成。由于本次模拟巷道开挖直径为 3 m,因此为忽略模型边界效应的影响,根据圣维南原理,取模型横向长度 X 和竖向长度 Y 为巷道直径的 4 倍,纵向长度 Z 为 5 个掘进进尺,如图 6-2 所示。整个模型尺寸为 12 m×12 m×10 m,共包含 216 676 个颗粒和 903 788 个平行连接接触单元。整个巷道(不进行支护)共分 5 步共 40 h 开挖完成。开挖过程中对模型各个面施加应力约束,其中上下两侧压力为 24 MPa、四周压力为 0.72 MPa。另外,为监测巷道周边岩体应力和变形随时间的变化情况,考虑模型的对称情况,分别在模型的右帮和顶板布置 5 个监控点(5 个监控点距巷道临空面的距离分别为 0 m、0.5 m、1.0 m、2.0 m、3.5 m),沿巷道开挖方向在巷顶每隔 2 m 布置一个监控点,如图 6-2(c)所示。

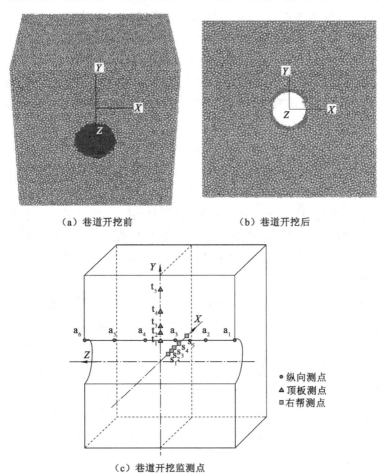

(a) 巷道开挖前   (b) 巷道开挖后

(c) 巷道开挖监测点

图 6-2 巷道开挖数值模型

6.2 深部巷道围岩开挖变形破裂时空演化规律

6.2.1 巷道周边岩体应力时空演变规律

6.2.1.1 不同开挖分步下巷道横断面顶板岩体的应力空间分布规律

巷道顶板 5 个测点应力随开挖分步的变化情况如图 6-3 所示,整体上来看:

(1)当巷道未开挖至测点横断面位置时(开挖时间 $t < 16$ h),随开挖时间增加,巷道顶板各测点处岩体的应力 σ_x、σ_y、σ_1 和 σ_2 值在逐渐增大,而 σ_z 和 σ_3 值在逐渐减小,且开挖面越近,测点应力增大或减小的幅度也越大。这意味着,一方面开挖工作面的推进引起了顶板岩体沿巷道纵向上的卸荷;另一方面,开挖面的逐渐推进,导致测点处的岩体进入超前承载状态,开挖面越近,其超前支承压力增长速度越快。当开挖时间为 16 h 时,与初始应力状态相比,顶板各测点处岩体的 σ_x、σ_y 和 σ_1 值普遍增大 6%~12%,σ_2 值增大 5%~30%,σ_z 值要普遍减小 1%~6%,σ_3 值则减小 1.5%~14%。

(2)当巷道开挖至测点横断面位置时($t = 24$ h),巷道顶板浅部岩体(0.5 m 范围内)应力值急剧减小,且越靠近临空面,减小的幅度越大,最大减小幅度约为 75%~99%。深部岩体(0.5 m 范围外)则略显不同,其 σ_y 和 σ_1 值的变化规律与浅部岩体相同,最大减小幅度约为 56%。但其 σ_x 和 σ_z 值的变化规律与浅部岩体恰恰相反,即,其随开挖急剧增大,且越靠近临空面,增大的幅度越大,最大增大幅度约为 24%。这说明巷道的开挖使得顶板围岩都由开挖前的高应力差状态变为低应力差状态。

(3)当巷道开挖通过测点横断面后($t > 24$ h),巷道顶板各测点应力除 σ_x 和 σ_3 外,其他均随开挖进行而逐渐减小,且开挖面越远,减小的幅度也越小,直至最终基本保持不变。σ_x 随开挖的继续,浅部岩体表现为继续减小,深部岩体表现为逐渐增大,最终,顶板岩体的 σ_x 值也将保持稳定;σ_3 则没有表现出明显的变化规律性。当巷道顶板处岩体应力状态趋于稳定时,与 $t = 24$ h 的应力状态相比,各测点的 σ_1、σ_y 和 σ_z 减小了 16%~30%,σ_x 最大增加了约 22%。该结果表明,随着和开挖面距离的增加,巷道顶板的岩体应力将重新调整至平衡状态。

(4)将巷道顶板岩体三个坐标方向的应力 σ_x、σ_y、σ_z 的分布曲线同 σ_1、σ_2、σ_3 进行对比可知:巷道开挖前,巷道顶板岩体的最大主应力方向始终与 y 方向保持一致,开挖后,其浅部最大主应力会发生转向,而深部仍指向 y 方向;其他两个主应力方向则在巷道开挖前后都会发生一定的偏转。

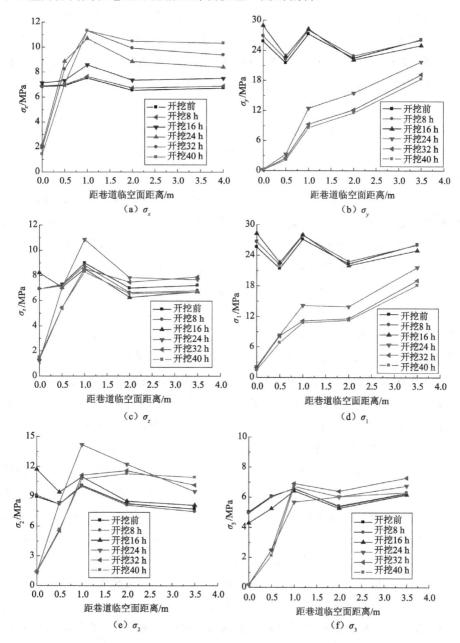

图 6-3　不同开挖分步下巷道横断面顶板的应力分布图

6.2.1.2 不同开挖分步下巷道横断面帮部岩体的应力空间分布规律

巷道帮部 5 个测点应力随开挖分步的变化情况如图 6-4 所示,可以看出:

(1)当巷道未开挖至测点横断面位置时(开挖时间 $t<16$ h),随开挖进行,巷道帮部各测点处岩体的 σ_y、σ_z、σ_1、σ_2 和 σ_3 值都在逐渐增大,而对于 σ_x,浅部岩体表现为逐渐减小,深部岩体表现为逐渐增大。开挖面越近,各测点的这种应力增大或减小的幅度也越明显。这说明,开挖工作面的推进引起了两帮浅部岩体沿巷道横向上的卸荷,并导致帮部测点处岩体的超前支承压力逐渐增大。当开挖时间为 16 h 时,与初始应力状态相比,帮部各测点处岩体的 σ_y、σ_z 和 σ_1 值增大 6%~20%,σ_2 和 σ_3 值普遍增大 2%~9%,浅部岩体 σ_x 值减小约 5%~9%,深部岩体 σ_x 值则增大 3%~8%。

(2)当巷道开挖至测点横断面位置时($t=24$ h),巷道两帮浅部岩体各应力值都开始急剧减小,且越靠近临空面,减小的幅度越大,最大减小幅度约为75%~99%;深部岩体则恰恰相反,其应力值表现为急剧增大,且距临空面越近增大的幅度越大,最大增大幅度可达 40%。这表明巷道的开挖使得两帮浅部围岩由开挖前的高主应力差状态变为低主应力差状态,而两帮深部的围岩则由低主应力差状态变为高主应力差状态。但有一点需要说明的是,两帮浅部围岩出现低主应力差状态的原因与顶板岩体不同。这是因为巷道通过时,顶板岩体卸载的主要是 σ_y,导致顶板岩体的最大主应力降低并出现低主应力差状态,而两帮岩体卸载的主要是 σ_x,使得两帮浅部岩体出现最大主应力差并超过了其承载强度,导致两帮浅部岩体出现破裂,进而出现低主应力差状态,同时也因为浅部岩体的破裂,造成高应力向深部转移,两帮深部岩体进入高主应力差状态。

(3)当巷道开挖过测点横断面后($t>24$ h),随着开挖的继续,两帮浅部岩体的应力会继续降低,而深部岩体应力则逐渐升高,且越靠近浅部,应力升高值越大。当岩体应力值超过其承载能力时,开始出现损伤,应力值下降,围岩处于峰后非稳定承载阶段并具有一定的承载能力。如围岩应力仍未调整至平衡状态,则其损伤会继续发展,进而出现宏观破裂,基本丧失承载能力。此时,高应力会重复上述调整过程继续往深部转移,直至达到新的应力平衡状态。

(4)将巷道帮部岩体三个坐标方向的应力 σ_x、σ_y、σ_z 的分布曲线同 σ_1、σ_2、σ_3进行对比,可知,随着巷道开挖的进行,巷道两帮的最大主应力方向始终指向 y方向[图 6-4(b)和图 6-4(d)图形基本相同];其他两个主应力方向则随开挖在水平方向上发生偏转。

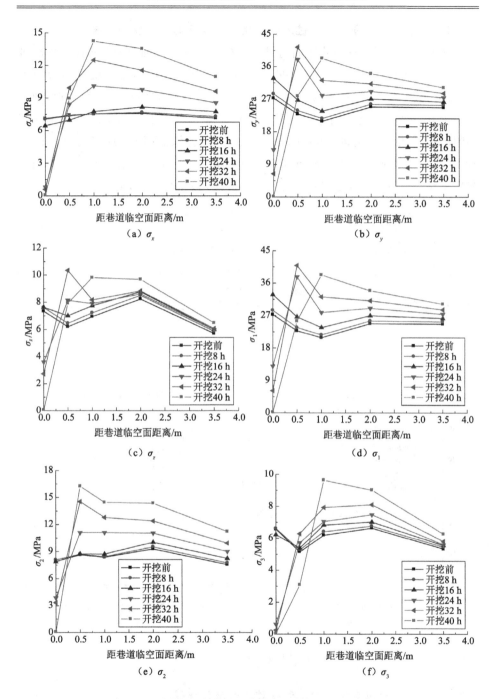

图 6-4 不同开挖分步下巷道横断面帮部的应力分布图

6.2.1.3 不同开挖分步下巷道纵断面拱顶处岩体的应力空间分布规律

图 6-5 为不同开挖分步下巷道纵断面拱顶 6 个测点的应力分布图。由图可知,巷道开挖卸荷效应将导致开挖工作面前约 1.8 m 范围内的岩体应力下降,1.8 m 范围外的岩体应力上升,处于应力上升区的岩体距工作面越近,则其应力上升值越大。这说明巷道的开挖将使工作面前方的岩体出现一个单峰值的超前支承压力影响区(孙晓明等[126] 的研究成果也证明了这点)。从图 6-5 看,本次巷道超前支承压力影响区的范围大概为 8~10 m,峰值点位于工作面前方约 2 m 的位置,峰值处的岩体支承压力要比初始状态高约 15%。

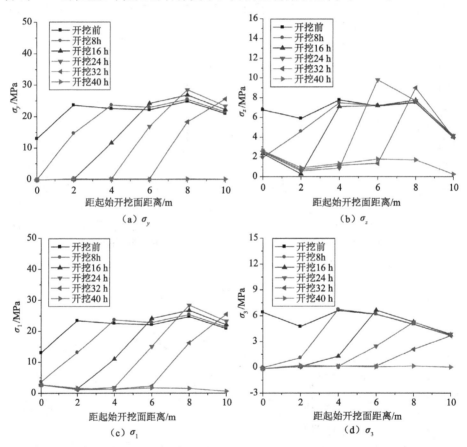

图 6-5 不同开挖分步下巷道纵断面顶板的应力分布图

6.2.1.4 巷道周边岩体应力随开挖时间的演化规律

图 6-6 为顶板测点 t_1 和帮部测点 s_1 的应力随巷道开挖时间的变化曲线。

巷道岩体每次的瞬间开挖将会使影响范围内的岩体发生剧烈的应力变化,从图 6-6 中可以看出:

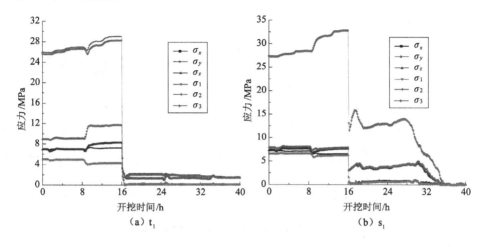

图 6-6 巷道周边岩体主应力随时间的变化曲线

(1)当巷道未通过测点位置时,顶板测点 t_1 与帮部测点 s_1 应力变化相同的是,随时间增加两者的最大主应力 σ_1 和竖向应力 σ_y 都逐渐增大,最小主应力 σ_3 则逐渐减小;不同的是,顶板测点其他 3 个应力(σ_x、σ_z、σ_2)随时间是逐渐增长的,而帮部测点的这 3 个应力则基本保持不变。

(2)当巷道通过测点位置时,顶板测点 t_1 与帮部测点 s_1 的各个应力值都会瞬间跌落。从跌落的幅度来看,顶板测点的跌落幅度要大于帮部测点,σ_1 和 σ_y 的跌落幅度要大于其他 4 个应力。

(3)当巷道通过测点位置后,顶板测点 t_1 的各个应力随时间不会发生明显的变化,而帮部测点 s_1 的应力会在稳定一段时间后随开挖时间而继续减小,最后,其各个应力值基本为 0。

众多研究成果表明,在无支护状态下,巷道周边岩体以剪切破坏为主,因此,确定巷道岩体是否破坏主要是看其承受的剪应力大小和相应应力状态下的抗剪强度。本章以莫尔-库仑准则来分析巷道岩体的剪应力时空演化规律,而莫尔-库仑准则中剪应力的大小又主要取决于其最大主应力差($\sigma_1 - \sigma_3$),为此,图 6-7 给出了巷道顶板和帮部测点最大主应力差随开挖时间的变化曲线。由图 6-7 可知,巷道岩体剪应力发展有以下几个特点:

(1)当巷道开挖面逐渐靠近测点处岩体时,该处顶板和两帮浅部岩体的剪应力都有一个缓慢增长的过程,而深部岩体的剪应力则基本保持不变。

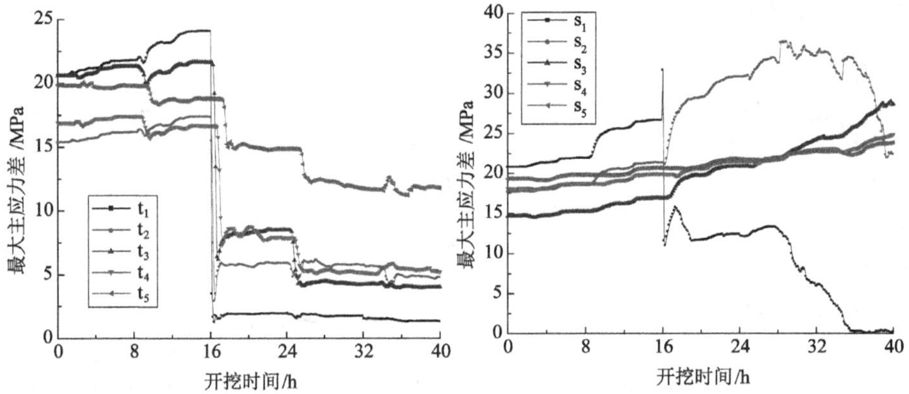

图 6-7 巷道周边岩体剪切应力随时间的变化曲线

(2)当巷道开挖至测点处岩体时,巷道顶板岩体的最大主应力 σ_1 由巷道表面围岩逐步向深部围岩解除,且越靠近巷道表面的岩体的 σ_1 解除程度越高,导致巷道顶板岩体的剪应力都开始跌落,越靠近巷道表面则跌落幅度越大。这说明,顶板岩体在开挖时,其剪切应力始终要小于本身的抗剪强度,因此,该处岩体随开挖只发生变形而不会发生破裂。对于巷道帮部岩体,由于开挖近似解除的是其最小主应力 σ_3,因此,此时靠近巷道表面处的岩体首先受到影响,其剪应力急剧增大,当大于岩体本身的抗剪强度时,该处岩体就会发生较大的变形与破裂,导致其剪应力又急剧跌落,如 s_1 测点。而 s_1 测点处岩体的破裂又进一步解除了邻近岩体的最小主应力 σ_3,进而引起邻近岩体剪应力大幅增长且增长幅度越靠近破裂位置越大,如 s_2 和 s_3 测点。从数值上看,s_3 和 s_4 应力基本不变,而 s_2 和 s_3 测点应力增长值小于 s_1 的减小值,这说明岩体剪应力往深部传递有一个衰减的过程,而岩体的破裂会消除一部分开挖卸载影响。

(3)当巷道开挖面逐渐远离测点处岩体时,巷道顶板浅部岩体的剪应力首先调整至平衡,而顶板深部岩体的剪应力却会随新的开挖卸荷作用而继续降低,但最终也将调整至平衡。这也说明了深部岩体剪应力随时间重新分布调整要相对滞后于浅部岩体。但在调整的过程中,顶板岩体仍会发生一定的变形。对于巷道帮部岩体,新的开挖卸荷效应会使已出现剪应力降低区的岩体剪应力继续降低,进而发生较大的剪切变形破裂,但其下降速度要相对缓慢,如 s_1 测点。而 s_1 测点剪应力的缓慢降低又进一步导致邻近岩体剪应力的缓慢升高,当邻近岩体（s_2 测点）的剪应力也大于抗剪强度时，它会发生屈服。但由于其 σ_3 未完全解除，仍处于三轴状态，因此，出现了与 s_1 测点明显不同的延性变形破坏现象，此时，该部分岩体处于峰后承载阶段，剪应力缓慢降低；s_2 测点剪应力的缓慢降低又会使邻近岩体（s_3 测点）剪应力缓慢升高……如此，剪应力逐渐往深部传递调整，巷道岩体就会消除开挖所带来的卸载影响，直至最终平衡。

6.2.2 巷道周边岩体变形时空演变规律

6.2.2.1 不同开挖分步下巷道横断面的竖向位移分布规律

图 6-8 给出了不同开挖分步下巷道横断面（过图 6-2 中坐标系原点）的竖向位移分布云图。

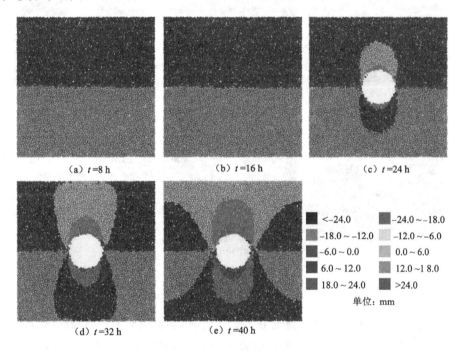

    （a）$t=8\,h$ （b）$t=16\,h$ （c）$t=24\,h$

<-24.0	$-24.0\sim-18.0$
$-18.0\sim-12.0$	$-12.0\sim-6.0$
$-6.0\sim0.0$	$0.0\sim6.0$
$6.0\sim12.0$	$12.0\sim18.0$
$18.0\sim24.0$	>24.0

单位：mm

    （d）$t=32\,h$ （e）$t=40\,h$

图 6-8　不同开挖分步下巷道横断面的竖向位移云图

由图 6-8 可见，当巷道未通过横断面位置时，巷道横断面岩体的竖向位移呈上下对称分布，但从数值上看，整个横断面岩体的最大竖向位移都小于 2 mm，即此时巷道开挖对横断面岩体的竖向变形影响可忽略不计；当巷道刚开挖通过横断面位置时，巷道横断面两帮竖向位移很小，而顶板和底板处的岩体则都出现了较大的竖向收敛变形，其中岩体最大竖向位移出现在巷道的拱底和拱顶位置,约为 18 mm,从该位置往巷道外侧,顶、底板岩体的竖向位移呈"花瓣"式向外逐渐减小,这与崔洪章[127]、刘锋珍[128]的巷(隧)道开挖模拟结果相同;当巷道开挖通过横断面位置后,巷道顶、底板岩体的竖向位移值和"花瓣"扩散范围都逐渐增大,巷道开挖完成后,巷道拱底和拱顶的竖向位移值都约为 25 mm。

6.2.2.2 不同开挖分步下巷道横断面的水平位移分布规律

图 6-9 为不同开挖分步下巷道横断面(过图 6-2 中坐标系原点)的水平位移分布云图。

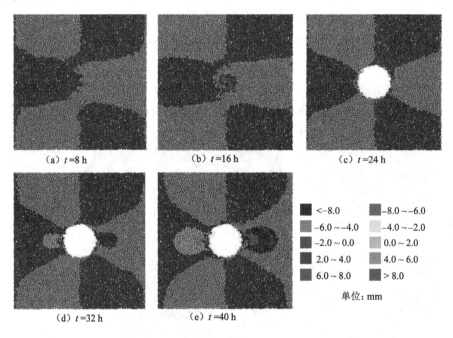

(a) $t=8$ h (b) $t=16$ h (c) $t=24$ h

(d) $t=32$ h (e) $t=40$ h

<-8.0		-8.0~-6.0	
-6.0~-4.0		-4.0~-2.0	
-2.0~0.0		0.0~2.0	
2.0~4.0		4.0~6.0	
6.0~8.0		>8.0	

单位:mm

图 6-9 不同开挖分步下巷道横断面的水平位移云图

由图 6-9 可见,当巷道未通过横断面位置时,巷道横断面顶部和底部岩体都稍往巷道内移动,而巷道左右两帮的岩体则稍往外侧移动,整体上来看,巷道工作面未到达横断面位置时,横断面岩体的最大水平位移小于 2 mm,此时,巷道开挖对横断面岩体的水平变形影响可忽略不计;当巷道刚开挖通过横断面位置时,巷道横断面顶板和底板的水平位移仍很小,但两帮靠近巷道表面的局部岩体却出现了较大的水平位移,即出现了岩体片帮剥落现象,此范围之外的两帮岩体变形则很小;当巷道开挖通过横断面位置后,巷道横断面顶、底板处岩体的水平位移仍很小,而巷道两帮浅部岩体则都往巷道内移动,巷道最大水平收敛位移值约为 20 mm(不考虑剥落岩体的位移),巷道两帮稍深处岩体则继续往外侧移动且越靠近巷道表面,其水平位移越大,最大值约为 4～6 mm。分析巷道两帮岩体往外侧移动的原因,可能是因为本次模拟巷道的侧压力系数为 0.3 且模型边界是应力约束边界,导致巷道开挖后两帮出现了类似岩石在单轴压缩破坏时往两侧移动的现象。

6.2.2.3 不同开挖分步下巷道纵断面的竖向位移分布规律

不同开挖分步下巷道纵断面(过图 6-2 中坐标系原点)的竖向位移分布云图如图 6-10 所示。

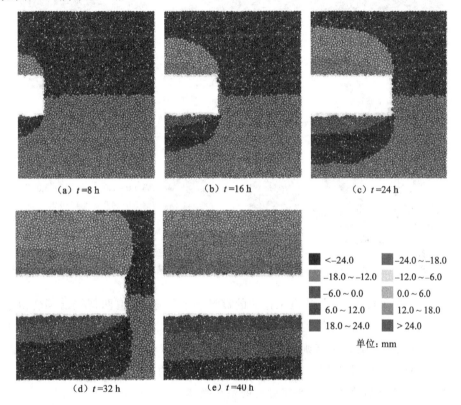

(a) $t=8\,h$ (b) $t=16\,h$ (c) $t=24\,h$

(d) $t=32\,h$ (e) $t=40\,h$

<-24.0　　　　$-24.0～-18.0$
$-18.0～-12.0$　$-12.0～-6.0$
$-6.0～0.0$　　　$0.0～6.0$
$6.0～12.0$　　　$12.0～18.0$
$18.0～24.0$　　　>24.0

单位: mm

图 6-10　不同开挖分步下巷道纵断面的竖向位移云图

由图 6-10 可见,巷道第一步开挖完成后,巷道纵断面岩体的最大竖向位移出现在开挖起始点的拱顶和拱底处,由该位置往围岩深处和工作面方向,围岩竖向位移值逐渐减小,到工作面前方时,围岩的竖向位移基本保持不变;随着巷道的逐渐向前开挖,工作面前方岩体竖向位移仍很小,工作面后方岩体竖向位移由开挖起始点拱顶和拱底往围岩深处和工作面方向逐渐递减的这种分布规律基本不变,但其值都逐渐增大;当巷道开挖完成后,纵断面岩体的竖向位移在纵向上均匀分布且由拱顶和拱底处往巷道外侧逐渐减小。

6.2.2.4 不同开挖分步下巷道水平面的纵向位移分布规律

不同开挖分步下巷道水平面(过图 6-2 中坐标系原点)的纵向位移分布云图见图 6-11。

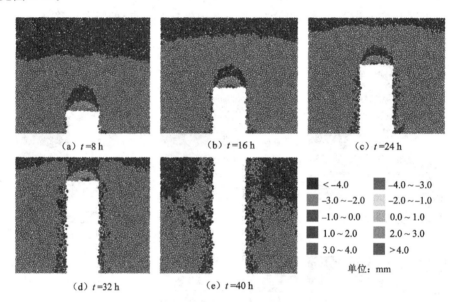

(a) $t=8$ h   (b) $t=16$ h   (c) $t=24$ h

< −4.0	−4.0 ~ −3.0
−3.0 ~ −2.0	−2.0 ~ −1.0
−1.0 ~ 0.0	0.0 ~ 1.0
1.0 ~ 2.0	2.0 ~ 3.0
3.0 ~ 4.0	>4.0

单位:mm

(d) $t=32$ h   (e) $t=40$ h

图 6-11   不同开挖分步下巷道水平面的纵向位移云图

由图 6-11 可见,随着巷道工作面的逐渐向前推进,巷道两帮浅部围岩由于发生破裂而出现无规律性的较大纵向位移,深部围岩纵向位移则很小;巷道工作面前方围岩的最大位移则出现在工作面中心位置,由该位置往工作面前方,岩体纵向位移呈"椭圆"式递减,"椭圆"的最大范围约为巷道直径的一倍。

6.2.2.5 巷道周边岩体位移随时间的演化规律

图 6-12 给出了不同测点(见图 6-2)处岩体位移随时间的变化曲线,由图可以看出:

(1)巷道顶板各处岩体的竖向位移随开挖时间都呈"台阶式"增长,其增长幅度在巷道刚开挖通过时最大,通过之后次之,通过之前最小;顶板各处岩体除在巷道刚开挖通过时,越靠近巷道表面的岩体其竖向位移增长幅度越大外,其他开挖时间段,顶板各处岩体竖向位移随时间增长的幅度基本保持一致。从不

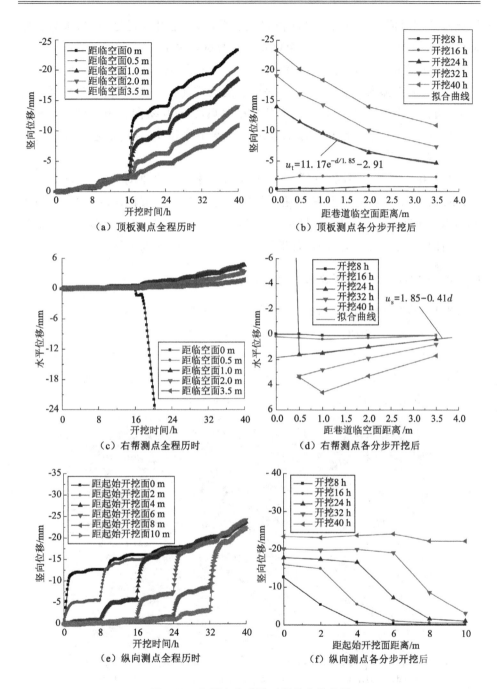

（a）顶板测点全程历时　　　　　（b）顶板测点各分步开挖后

（c）右帮测点全程历时　　　　　（d）右帮测点各分步开挖后

（e）纵向测点全程历时　　　　　（f）纵向测点各分步开挖后

图 6-12　各测点位移随时间的变化曲线

同分步开挖后顶板各测点的竖向位移值上看,当巷道开挖通过后,顶板岩体竖向位移 u_t 就与其距巷道表面的距离 d 呈指数衰减关系。

(2)巷道帮部破裂处岩体在巷道刚开挖通过后,其水平位移急剧增大,发生剥离现象;而帮部未破裂岩体,其水平位移随巷道开挖呈缓慢增长,越靠近巷道表面,增长速率越快,但与顶板竖向位移相比则很小;从不同分步开挖后帮部各测点的水平位移值上看,帮部未破裂岩体的水平位移 u_s 与其距巷道表面的距离 d 呈线性关系。

(3)巷道纵断面不同里程段拱顶的竖向位移变化规律基本相同:随开挖呈"台阶式"增大,并在巷道开挖刚通过的两个进尺时间内增长速度最快,随后则基本保持不变;后一个里程段拱顶竖向位移的变化要滞后前一个约 1 个开挖进尺的时间,但巷道开挖完成后,各里程段拱顶的竖向位移大小基本相同。

6.2.3 巷道周边岩体破裂时空演变规律

6.2.3.1 巷道横断面岩体随开挖的破裂发展规律

图 6-13 为巷道横断面(过图 6-2 中坐标系原点)岩体随开挖的破裂发展过程。由图可见,当巷道未开挖至横断面时($t<16$ h),横断面岩体虽未发生破裂但其能量在逐渐积累(应力在逐渐升高);当巷道刚开挖通过横断面时(16 h$<$ $t<24$ h),巷道浅部岩体的径向应力首先被解除,顶、底板剪应力迅速减小,不发

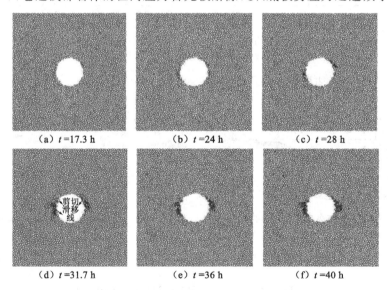

(a) $t=17.3$ h   (b) $t=24$ h   (c) $t=28$ h

(d) $t=31.7$ h   (e) $t=36$ h   (f) $t=40$ h

图 6-13 巷道横断面岩体随开挖的破裂发展过程

生破裂,而两帮浅部岩体剪应力则迅速增大,因此,巷道两帮表面岩体首先发生破裂,发生片帮剥落现象,而伴随着表面岩体的破裂,其承载能力降低,高应力由巷道表面向深处传递,浅部岩体的破裂范围加大;当巷道开挖通过横断面后(24 h<t<32 h),新的开挖卸荷效应会使已发生破裂的浅部围岩继续破裂,承载能力继续降低,导致邻近岩体剪应力升高,发生屈服延性破坏,此时,横断面岩体会出现明显的剪切滑移破裂和少量的拉伸破裂;随着巷道开挖面的逐渐远离(32 h<t<40 h),横断面岩体的应力会逐渐调整至平衡,巷道两帮浅部岩体的破裂范围将随开挖基本保持不变,但深部岩体薄弱处可能会产生随机裂纹。

6.2.3.2 巷道纵断面和水平面岩体随开挖的破裂发展规律

图 6-14 为巷道纵断面(过图 6-2 中坐标系原点)岩体随开挖的破裂发展过程。由图可知,巷道的开挖只会引起工作面附近的一小部分岩体发生破裂,对巷道纵断面其他部位岩体破裂影响不大。

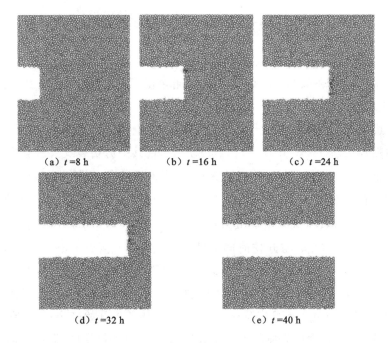

(a) t=8 h   (b) t=16 h   (c) t=24 h

(d) t=32 h   (e) t=40 h

图 6-14　巷道纵断面岩体随开挖的破裂发展过程

图 6-15 给出了巷道水平面岩体随开挖的破裂发展过程。由图可知,随着巷道的开挖,新开挖进尺内的两帮岩体将出现新的破裂,而旧开挖进尺已出现破

裂的两帮岩体则继续发生向深部发生破裂。但当巷道开挖面足够远时,两帮岩体的破裂发展将保持稳定,其破裂范围约为 0.75 m,为巷道直径的 1/4。

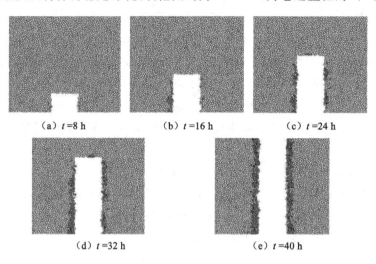

(a) $t=8$ h   (b) $t=16$ h   (c) $t=24$ h

(d) $t=32$ h   (e) $t=40$ h

图 6-15 巷道水平面岩体随开挖的破裂发展过程

6.2.2.3 巷道裂隙和能量随开挖的发展演化规律

巷道围岩破裂数目、分形维数以及能量随开挖时间的变化发展过程如图 6-16 所示。

由图 6-16(a)可见,巷道开挖过程中,巷道岩体总裂纹数目 n 与开挖时间 t 呈指数增加关系($n=344.97\mathrm{e}^{t/12.91}-360.45$),且其中剪切裂纹要占总裂纹数的 80% 以上。如采用分形维数中的盒维数法[36]来描述巷道横断面和水平面岩体的裂隙发育程度[图 6-16(b)],则可知,巷道横断面岩体的裂隙分形维数 D_{BC} 与开挖时间 t 呈指数衰减式增加关系($D_{\mathrm{BC}}=-2.25\mathrm{e}^{-t/10.13}+1.13$),水平面岩体的裂隙分形维数 D_{TPSA} 与开挖时间 t 呈线性关系($D_{\mathrm{TPSA}}=0.58+0.023t$)。从图 6-16(c)中岩体的动能变化上看,岩体的动能与开挖时间呈剧烈的锯齿形变化,巷道的每次开挖都会导致巷道岩体内部能量的大量释放,导致岩体动能急剧增加,巷道岩体处于不稳定阶段,两帮表面岩体首先开始破裂;而后在开挖后的 3~4 h 内,巷道表面岩体基本停止破裂,岩体动能逐渐下降,高应力向深部转移;随着高应力向深部转移,靠近巷道表面的浅部岩体将逐渐发生屈服甚至破坏,随之岩体动能发生第 2 次增长和下降,但其增长和下降幅度要明显小于第 1 次。由图 6-16(d)可以看出,岩体的黏结能和应变能与开挖时间呈波浪形分布,

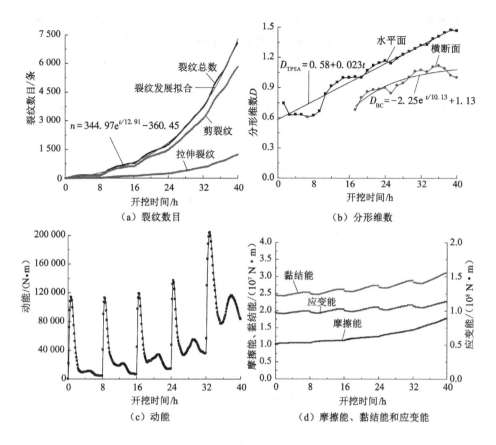

（a）裂纹数目

（b）分形维数

（c）动能

（d）摩擦能、黏结能和应变能

图 6-16 巷道围岩裂隙和能量随开挖时间的变化过程

巷道每次开挖将导致岩体黏结能和应变能发生小幅下降，但随后，其将随时间开挖逐渐增长，最后超过原先值；而岩体的摩擦能与开挖时间则呈指数递增关系，随着时间增加，岩体摩擦能的增长速度将越来越快。从能量数值上看，巷道开挖过程中，岩体所含的黏结能＞应变能＞摩擦能＞动能。

6.2.4 与模型巷道开挖结果的对比分析

将 3.1 节物理试验的巷道开挖变形结果与 6.2.2 小节的数值模拟结果进行对比（物理试验的 3 步开挖对应于数值模拟的前 3 步），如图 6-17 和图 6-18所示。由图可知，因物理试验是四周位移约束，而数值模拟是四周应力约束，导致两者在巷道模型边界上的位移分析结果存在较大区别，但物理试验和数值模拟两者得出的巷道围岩变形大小与变化规律基本一致：① 巷道周边各处岩体变形在巷道开挖通过该位置前变化很小,在巷道开挖通过该位置后位移增大速率逐渐减小,在刚开挖通过该位置时增长速度最快,且越靠近巷道表面的岩体,其增长幅度越大,当开挖通过该位置2 h后,如不进行后续推进开挖,围岩的变形发展就基本保持稳定;② 巷道开挖结束后,巷道顶部、帮部及底部的岩体径向位移都大致与其距巷道表面的距离呈指数衰减关系,即巷道岩体将在拱顶或拱底处出现最大竖向位移,在两帮拱腰处出现最大水平位移。

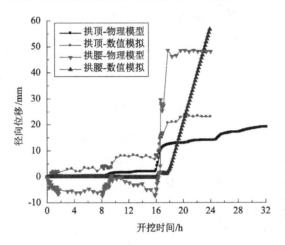

图 6-17   径向位移随开挖的历时曲线对比

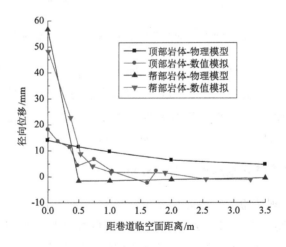

图 6-18   巷道开挖后围岩径向位移空间分布对比

对比 5.1 节物理试验和 6.2.3 小节数值试验的巷道开挖破裂结果,如图 6-19 (左为物理试验破裂图,右为物理试验破裂素描图和数值模拟破裂图)和图 6-20 所示。可以看出,物理试验与数值试验两者得出的巷道围岩破裂区域范围大小、位置及裂纹发展规律基本保持一致:① 沿巷道横向,巷道周边各处岩体在巷道开挖通过该位置前都不发生破裂,在巷道开挖通过该位置后,巷道顶、底板处的岩体仍不发生破裂,而巷道两帮岩体则在拱腰处先出现剪切滑移破裂且其随时间逐渐往顶、底板方向扩展;沿巷道纵向,巷道每个进尺的开挖都会对该进尺

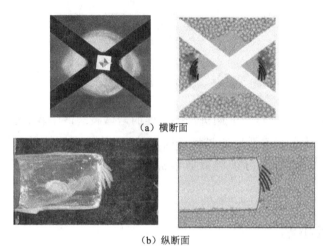

（a）横断面

（b）纵断面

图 6-19　巷道围岩破裂分布模式对比

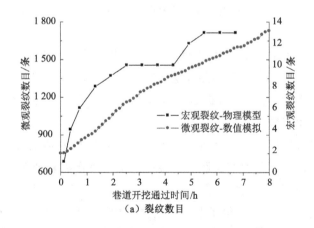

（a）裂纹数目

图 6-20　围岩裂隙随开挖时间的变化规律对比

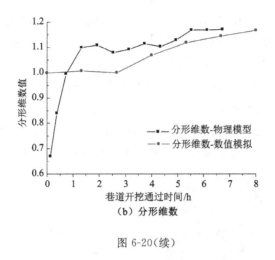

（b）分形维数

图 6-20（续）

掌子面中心处、拱腰处以及前两进尺拱腰处的岩体破裂产生较大影响。② 巷道横断面上的岩体在巷道开挖通过该横断面阶段，其宏观裂纹数目、宏观裂纹总长、破裂区域范围、破裂分形维数值等都随巷道开挖通过时间呈指数衰减式增长。

6.3　本章小结

本章以软岩巷道工程为背景，采用 PFC3D 离散颗粒流软件重现了无构造应力下深部圆形巷道岩体的变形破裂时空演化过程，得到了以下几个有益结论：

（1）在时间演化规律方面，获得了巷道岩体变形破裂随开挖的变化发展规律。巷道各处岩体的竖向位移随开挖时间呈"台阶式"增长，其增长幅度在巷道刚开挖通过时最大，通过之后次之，通过之前最小；巷道围岩破裂数目、分形维数与开挖时间呈指数增长关系。

（2）在空间演化规律方面：① 获得了巷道开挖后岩体的变形空间分布模式。顶板岩体的竖向位移与其距巷道表面的距离呈指数衰减关系；巷道帮部岩体除破裂部分外，其他处的水平位移随开挖时间变化很小，并与其距巷道表面的距离呈线性关系。② 获得了巷道开挖过程中岩体的破裂空间分布模式。巷道周边各处岩体在巷道开挖通过该位置前都不发生破裂，在巷道开挖通过该位置后，巷道顶、底板处的岩体仍不发生破裂，而巷道两帮岩体则在拱腰处先出现剪切滑移破裂且其随时间逐渐往顶、底板方向扩展。

（3）在变形破裂机理方面，探讨了巷道岩体的破裂发展机理。巷道岩体剪应力由浅部往深部传递是一个衰减和滞后的过程：当巷道刚开挖通过时，巷道两帮浅部岩体首先出现高剪应力并发生片帮剥落现象，其承载能力降低，高剪应力由浅部逐渐向深处传递；然后伴随着新的开挖卸荷作用，已发生破裂的帮部浅部围岩继续破裂，承载能力继续降低，导致邻近岩体剪应力升高，发生屈服延性破坏，出现明显的剪切滑移破裂现象。

7　深部岩体变形破裂时空演化机理研究

深部巷道周边岩体在巷道开挖之后会不可避免地发生变形破裂,且不同围岩条件、周边应力条件和巷道设计状况下,巷道周边岩体的变形破裂结果也是不同的,但围岩变形和破裂范围的大小却又直接关系到围岩的稳定性以及支护的定量设计,因此如何直观、准确、定量地对不同条件下的深部岩体变形破裂时空演化特征进行表征和描述就显得尤为重要。本章在对物理试验和数值模拟数据进行分析总结的基础上,提出非轴对称荷载作用下深部岩体变形破裂和整体稳定性评价的理论分析模型,探讨不同条件下深部岩体的变形破裂规律,进而揭示深部岩体的变形破裂时空演化机理。

7.1　深埋圆形巷道变形破裂的弹塑性分析

7.1.1　深埋圆形巷道弹塑性模型建立与求解

为研究非轴对称荷载作用下,深部圆形巷道周边岩体的变形破裂情况,假定研究对象为:

① 深埋无限长的圆形水平巷道;

② 围岩为各项均质的理想弹塑性体;

③ 原岩竖向应力为 P,横向应力为 $\lambda P(\lambda < 1)$。

则非轴对称荷载作用下圆形巷道的应力、位移以及弹塑性范围可用如图 7-1 所示的(A)和(B)两种模型情况下的弹塑性解析结果解算得到。

(1) 模型(A)弹塑性解析

当 λ 和 P 较小时,模型(A)中的巷道周边围岩都处于弹性状态,不发生破裂,其径向正应力 σ_{Ar}、环向正应力 $\sigma_{A\theta}$ 和弹性区位移 u_A 的表达式分别为:

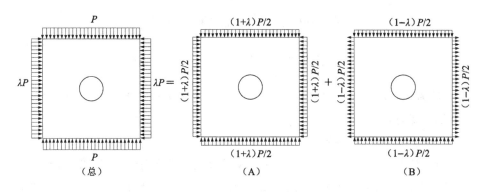

图 7-1 非轴对称圆形巷道弹塑性分析方法

$$
\begin{cases}
\sigma_{\mathrm{Ar}} = \dfrac{(1+\lambda)P}{2}\left(1 - \dfrac{R^2}{r^2}\right) \\[3mm]
\sigma_{\mathrm{A}\theta} = \dfrac{(1+\lambda)P}{2}\left(1 + \dfrac{R^2}{r^2}\right)
\end{cases}
\tag{7-1}
$$

$$
u_{\mathrm{A}} = \frac{(1+\mu)(1+\lambda)P}{2E}\frac{R^2}{r}
\tag{7-2}
$$

式中，μ 为围岩的泊松比；E 为围岩的弹性模量；R 为巷道的半径；r 为距巷道中心的距离。

当 λ 和 P 较大时，模型（A）中的巷道周边岩体将在巷道周边产生塑性区，根据卡斯特纳方程，得围岩的塑性区半径 R_{Ap}、弹性区径向正应力 $\sigma_{\mathrm{Ar}}^{\mathrm{e}}$ 和环向正应力 $\sigma_{\mathrm{A}\theta}^{\mathrm{e}}$、塑性区径向正应力 $\sigma_{\mathrm{Ar}}^{\mathrm{p}}$ 和环向正应力 $\sigma_{\mathrm{A}\theta}^{\mathrm{p}}$ 分别为：

$$
R_{\mathrm{Ap}} = R\left[\left(\frac{P+\lambda P}{2} + C\cot\varphi\right)\frac{(1-\sin\varphi)}{C\cot\varphi}\right]^{\frac{1-\sin\varphi}{2\sin\varphi}}
\tag{7-3}
$$

$$
\begin{cases}
\sigma_{\mathrm{Ar}}^{\mathrm{e}} = \dfrac{(1+\lambda)P}{2} - \left[\dfrac{(1+\lambda)P}{2}\sin\varphi + C\cos\varphi\right]\dfrac{R_{\mathrm{Ap}}^2}{r^2} \\[3mm]
\sigma_{\mathrm{A}\theta}^{\mathrm{e}} = \dfrac{(1+\lambda)P}{2} + \left[\dfrac{(1+\lambda)P}{2}\sin\varphi + C\cos\varphi\right]\dfrac{R_{\mathrm{Ap}}^2}{r^2}
\end{cases}
\tag{7-4}
$$

$$
\begin{cases}
\sigma_{\mathrm{Ar}}^{\mathrm{p}} = C\cot\varphi\left(\dfrac{r}{R}\right)^{\frac{2\sin\varphi}{1-\sin\varphi}} - C\cot\varphi \\[3mm]
\sigma_{\mathrm{A}\theta}^{\mathrm{p}} = \dfrac{1+\sin\varphi}{1-\sin\varphi}C\cot\varphi\left(\dfrac{r}{R}\right)^{\frac{2\sin\varphi}{1-\sin\varphi}} - C\cot\varphi
\end{cases}
\tag{7-5}
$$

式中，C 和 φ 分别为围岩的内聚力和内摩擦角。

弹性区位移 u_{Ae} 和塑性区位移 u_{Ap} 则分别为：

— 143 —

$$
\begin{cases}
u_{\mathrm{Ae}} = \dfrac{[(1+\lambda)P\sin\varphi + 2C\cos\varphi]R_{\mathrm{Ap}}^{2}}{4Gr} \\[3mm]
u_{\mathrm{Ap}} = \dfrac{[(1+\lambda)P\sin\varphi + 2C\cos\varphi]R_{\mathrm{Ap}}^{2}}{4Gr} + \dfrac{(\chi-1)(R_{\mathrm{Ap}}^{2}-r^{2})}{2r}
\end{cases}
\tag{7-6}
$$

式中, G 为围岩的剪切模量, $G=0.5E/(1+\mu)$; χ 为剪胀扩容系数, 当假设塑性区体积不变时, $\chi=1$。

(2) 模型(B)弹塑性解析

当 λ 较大而 P 较小时, 模型(B)巷道周边围岩都处于弹性状态, 不发生破裂, 其径向正应力 σ_{Br}、环向正应力 $\sigma_{\mathrm{B\theta}}$、切应力 $\tau_{\mathrm{Br\theta}}$ 和弹性区位移 u_{B} 的表达式分别为:

$$
\begin{cases}
\sigma_{\mathrm{Br}} = -\dfrac{(1-\lambda)P}{2}\left(1 - 4\dfrac{R^{2}}{r^{2}} + 3\dfrac{R^{4}}{r^{4}}\right)\cos 2\theta \\[3mm]
\sigma_{\mathrm{B\theta}} = \dfrac{(1-\lambda)P}{2}\left(1 + 3\dfrac{R^{4}}{r^{4}}\right)\cos 2\theta \\[3mm]
\tau_{\mathrm{Br\theta}} = \dfrac{(1-\lambda)P}{2}\left(1 + 2\dfrac{R^{2}}{r^{2}} - 3\dfrac{R^{4}}{r^{4}}\right)\sin 2\theta
\end{cases}
\tag{7-7}
$$

$$
u_{\mathrm{B}} = \dfrac{(1+\mu)P}{2E}\left[(1-\lambda)\dfrac{R^{4}}{r^{3}}\cos 2\theta - 4(1-\lambda)(1-\mu)\dfrac{R^{2}}{r}\cos 2\theta\right]
\tag{7-8}
$$

当 λ 较小而 P 较大时, 模型(B)中的巷道周边岩体将产生塑性区, 根据塑性区应力分布与原岩应力场无关, 而必定与巷道形状有关这个塑性假设条件以及模型外围的应力边界条件推导, 可得围岩的塑性区半径 R_{Bp}, 弹性区径向正应力 $\sigma_{\mathrm{Br}}^{\mathrm{e}}$、环向正应力 $\sigma_{\mathrm{B\theta}}^{\mathrm{e}}$、切应力 $\tau_{\mathrm{Br\theta}}^{\mathrm{e}}$, 塑性区径向正应力 $\sigma_{\mathrm{Br}}^{\mathrm{p}}$ 和环向正应力 $\sigma_{\mathrm{B\theta}}^{\mathrm{p}}$ 分别为:

$$
R_{\mathrm{Bp}} = R\left\{[(1-\lambda)P\cos 2\theta + C\cot\varphi]\dfrac{(1-\sin\varphi)}{C\cot\varphi}\right\}^{\frac{1-\sin\varphi}{2\sin\varphi}}
\tag{7-9}
$$

$$
\begin{cases}
\sigma_{\mathrm{Br}}^{\mathrm{e}} = -\dfrac{(1-\lambda)P}{2}\left(1 - 4\dfrac{R_{\mathrm{Bp}}^{2}}{r^{2}} + 3\dfrac{R_{\mathrm{Bp}}^{4}}{r^{4}}\right)\cos 2\theta + \\[3mm]
\qquad\quad [(1-\lambda)(1-\sin\varphi)P\cos 2\theta - C\cos\varphi]\dfrac{R_{\mathrm{Bp}}^{2}}{r^{2}} \\[3mm]
\sigma_{\mathrm{B\theta}}^{\mathrm{e}} = \dfrac{(1-\lambda)P}{2}\left(1 + 3\dfrac{R_{\mathrm{Bp}}^{4}}{r^{4}}\right)\cos 2\theta - \\[3mm]
\qquad\quad [(1-\lambda)(1-\sin\varphi)P\cos 2\theta - C\cos\varphi]\dfrac{R_{\mathrm{Bp}}^{2}}{r^{2}} \\[3mm]
\tau_{\mathrm{Br\theta}}^{\mathrm{e}} = \dfrac{(1-\lambda)P}{2}\left(1 + 2\dfrac{R_{\mathrm{Bp}}^{2}}{r^{2}} - 3\dfrac{R_{\mathrm{Bp}}^{4}}{r^{4}}\right)\sin 2\theta
\end{cases}
\tag{7-10}
$$

$$\begin{cases} \sigma_{Br}^p = C\cot\varphi\left(\dfrac{r}{R}\right)^{\frac{2\sin\varphi}{1-\sin\varphi}} - C\cot\varphi \\[4mm] \sigma_{B\theta}^p = \dfrac{1+\sin\varphi}{1-\sin\varphi}C\cot\varphi\left(\dfrac{r}{R}\right)^{\frac{2\sin\varphi}{1-\sin\varphi}} - C\cot\varphi \end{cases} \quad (7\text{-}11)$$

弹性区位移 u_{Be} 和塑性区位移 u_{Bp} 则分别为：

$$\begin{cases} u_{Be} = \dfrac{P}{4Gr}\left[\dfrac{R_{Bp}^2}{r^2}(1-\lambda)\cos 2\theta - 4(1-\mu)(1-\lambda)\cos 2\theta + k\right]R_{Bp}^2 \\[4mm] u_{Bp} = \dfrac{P}{4Gr}\left[(4u-3)(1-\lambda)\cos 2\theta + k\right]R_{Bp}^2 + \dfrac{(\chi-1)(R_{Bp}^2 - r^2)}{2r} \end{cases}$$

$$(7\text{-}12)$$

式中，$k = \dfrac{2C\cos\varphi}{P} - 2(1-\sin\varphi)(1-\lambda)\cos 2\theta$。

（3）总模型的弹塑性解析

由于模型(A)和模型(B)的塑性区半径不同,因此需要对这两者的弹塑性应力进行叠加,重新计算得到总模型的塑性区半径、弹塑性应力场和位移场,于是有：

① 当 $P < \dfrac{2C\cos\varphi}{(1-\sin\varphi)(3-\lambda)}$ 时,巷道周边围岩都不发生塑性破坏,此时,总模型的弹性应力场参数和位移场参数为：

$$\begin{cases} \sigma_r^e = \dfrac{(1+\lambda)P}{2} - \dfrac{(1+\lambda)P}{2}\dfrac{R^2}{r^2} - \dfrac{(1-\lambda)P}{2}\left(1 - 4\dfrac{R^2}{r^2} + 3\dfrac{R^4}{r^4}\right)\cos 2\theta \\[4mm] \sigma_\theta^e = \dfrac{(1+\lambda)P}{2} + \dfrac{(1+\lambda)P}{2}\dfrac{R^2}{r^2} + \dfrac{(1-\lambda)P}{2}\left(1 + 3\dfrac{R^4}{r^4}\right)\cos 2\theta \\[4mm] \tau_{r\theta}^e = \dfrac{(1-\lambda)P}{2}\left(1 + 2\dfrac{R^2}{r^2} - 3\dfrac{R^4}{r^4}\right)\sin 2\theta \end{cases}$$

$$(7\text{-}13)$$

$$u_e = \dfrac{P}{4Gr}\left[\dfrac{R^2}{r^2}(1-\lambda)\cos 2\theta - 4(1-\mu)(1-\lambda)\cos 2\theta + (1+\lambda)\right]R^2$$

$$(7\text{-}14)$$

② 当 $\dfrac{2C\cos\varphi}{(1-\sin\varphi)(3-\lambda)} \leqslant P < \dfrac{2C\cos\varphi}{(1-\sin\varphi)(3\lambda-1)}$ 时,巷道周边部分浅部岩体发生塑性破坏,总模型的塑性区半径 R_p,弹性区径向正应力 σ_r^e、环向正应力

σ_θ^e、切应力 $\tau_{r\theta}^e$，塑性区径向正应力 σ_r^p、环向正应力 σ_θ^p，弹性区位移 u_e、塑性区位移 u_p 分别为：

$$R_p = R \left\{ \frac{\left[(1+\lambda)P/2 + C\cot\varphi + (1-\lambda)P\cos 2\theta \right] (1-\sin\varphi)}{C\cot\varphi} \right\}^{\frac{1-\sin\varphi}{2\sin\varphi}},$$

$$\begin{cases} -m \leqslant \theta \leqslant m \\ \pi - m \leqslant \theta \leqslant \pi + m \end{cases} \tag{7-15}$$

$$\begin{cases} \sigma_r^p = C\cot\varphi \left(\dfrac{r}{R} \right)^{\frac{2\sin\varphi}{1-\sin\varphi}} - C\cot\varphi, \quad -m \leqslant \theta \leqslant m, \pi - m \leqslant \theta \leqslant \pi + m \\[3mm] \sigma_\theta^p = \dfrac{1+\sin\varphi}{1-\sin\varphi} C\cot\varphi \left(\dfrac{r}{R} \right)^{\frac{2\sin\varphi}{1-\sin\varphi}} - C\cot\varphi, \quad -m \leqslant \theta \leqslant m, \pi - m \leqslant \theta \leqslant \pi + m \end{cases}$$

$$\tag{7-16}$$

$$\begin{cases} \sigma_r^e = \dfrac{(1+\lambda)P}{2} - \left[\dfrac{(1+\lambda)P}{2}\sin\varphi + C\cos\varphi - (1-\lambda)P\cos 2\theta(1-\sin\varphi) \right] \dfrac{R_p^2}{r^2} \\[3mm] \qquad - \dfrac{(1-\lambda)P}{2} \left(1 - 4\dfrac{R_p^2}{r^2} + 3\dfrac{R_p^4}{r^4} \right)\cos 2\theta, \quad -m \leqslant \theta \leqslant m, \pi - m \leqslant \theta \leqslant \pi + m \\[3mm] \sigma_r^e = \dfrac{(1+\lambda)P}{2} - \dfrac{(1+\lambda)P}{2}\dfrac{R^2}{r^2} - \dfrac{(1-\lambda)P}{2} \left(1 - 4\dfrac{R^2}{r^2} + 3\dfrac{R^4}{r^4} \right)\cos 2\theta, \\[3mm] \qquad m \leqslant \theta \leqslant \pi - m, \pi + m \leqslant \theta \leqslant 2\pi - m \\[3mm] \sigma_\theta^e = \dfrac{(1+\lambda)P}{2} + \left[\dfrac{(1+\lambda)P}{2}\sin\varphi + C\cos\varphi - (1-\lambda)P\cos 2\theta(1-\sin\varphi) \right] \dfrac{R_p^2}{r^2} \\[3mm] \qquad + \dfrac{(1-\lambda)P}{2} \left(1 + 3\dfrac{R_p^4}{r^4} \right)\cos 2\theta, \quad -m \leqslant \theta \leqslant m, \pi - m \leqslant \theta \leqslant \pi + m \\[3mm] \sigma_\theta^e = \dfrac{(1+\lambda)P}{2} + \dfrac{(1+\lambda)P}{2}\dfrac{R^2}{r^2} + \dfrac{(1-\lambda)P}{2} \left(1 + 3\dfrac{R^4}{r^4} \right)\cos 2\theta, \\[3mm] \qquad m \leqslant \theta \leqslant \pi - m, \pi + m \leqslant \theta \leqslant 2\pi - m \\[3mm] \tau_{r\theta}^e = \dfrac{(1-\lambda)P}{2} \left(1 + 2\dfrac{R_p^2}{r^2} - 3\dfrac{R_p^4}{r^4} \right)\sin 2\theta, \quad -m \leqslant \theta \leqslant m, \pi - m \leqslant \theta \leqslant \pi + m \\[3mm] \tau_{r\theta}^e = \dfrac{(1-\lambda)P}{2} \left(1 + 2\dfrac{R^2}{r^2} - 3\dfrac{R^4}{r^4} \right)\sin 2\theta, \quad m \leqslant \theta \leqslant \pi - m, \pi + m \leqslant \theta \leqslant 2\pi - m \end{cases}$$

$$\tag{7-17}$$

$$
\begin{cases}
u_{\mathrm{e}} = \dfrac{P}{4Gr}\left[\dfrac{R_{\mathrm{p}}^2}{r^2}(1-\lambda)\cos 2\theta - 4(1-\mu)(1-\lambda)\cos 2\theta + n\right]R_{\mathrm{p}}^2, \\
\qquad -m \leqslant \theta \leqslant m, \pi - m \leqslant \theta \leqslant \pi + m \\
u_{\mathrm{e}} = \dfrac{P}{4Gr}\left[\dfrac{R^2}{r^2}(1-\lambda)\cos 2\theta - 4(1-\mu)(1-\lambda)\cos 2\theta + (1+\lambda)\right]R^2, \\
\qquad m \leqslant \theta \leqslant \pi - m, \pi + m \leqslant \theta \leqslant 2\pi - m \\
u_{\mathrm{p}} = \dfrac{P}{4Gr}\left[(4\mu - 3)(1-\lambda)\cos 2\theta + n\right]R_{\mathrm{p}}^2 + \dfrac{(\chi - 1)(R_{\mathrm{p}}^2 - r^2)}{2r}, \\
\qquad -m \leqslant \theta \leqslant m, \pi - m \leqslant \theta \leqslant \pi + m
\end{cases}
\tag{7-18}
$$

式中：
$$
m = \arccos\left\{\left[\dfrac{C\cos\varphi}{1-\sin\varphi} - \dfrac{(1+\lambda)P}{2}\right]/\left[(1-\lambda)P\right]\right\}
$$

$$
n = \dfrac{2C\cos\varphi}{P} + (1+\lambda)\sin\varphi - 2(1-\sin\varphi)(1-\lambda)\cos 2\theta
$$

当 $R_{\mathrm{p}} = R$ 时，$[(1+\lambda)P/2 + C\cot\varphi + (1-\lambda)P\cos 2\theta](1-\sin\varphi) = C\cot\varphi$，式(7-16)～式(7-18)则相应转变为弹性力学计算公式(7-13)～式(7-14)。当 $\lambda = 0$ 时，式(7-15)就可简化为均匀荷载作用下圆形巷道的塑性区半径公式(7-3)，式(7-16)～式(7-18)也相应转变为式(7-4)～式(7-6)。

③ 当 $P \geqslant \dfrac{2C\cos\varphi}{(1-\sin\varphi)(3\lambda - 1)}$ 时，巷道周边浅部岩体都发生塑性破坏，总模型的塑性区半径 R_{p}、弹性区径向正应力 σ_r^{e}、环向正应力 $\sigma_\theta^{\mathrm{e}}$、切应力 $\tau_{r\theta}^{\mathrm{e}}$、塑性区径向正应力 σ_r^{p}、环向正应力 $\sigma_\theta^{\mathrm{p}}$、弹性区位移 u_{e}、塑性区位移 u_{p} 分别为：

$$
R_{\mathrm{p}} = R\left\{\dfrac{\left[(1+\lambda)P/2 + C\cot\varphi + (1-\lambda)P\cos 2\theta\right](1-\sin\varphi)}{C\cot\varphi}\right\}^{\frac{1-\sin\varphi}{2\sin\varphi}}
\tag{7-19}
$$

$$
\begin{cases}
\sigma_r^{\mathrm{e}} = \dfrac{(1+\lambda)P}{2} - \left[\dfrac{(1+\lambda)P}{2}\sin\varphi + C\cos\varphi - (1-\lambda)P\cos 2\theta(1-\sin\varphi)\right]\dfrac{R_{\mathrm{p}}^2}{r^2} \\
\qquad - \dfrac{(1-\lambda)P}{2}\left(1 - 4\dfrac{R_{\mathrm{p}}^2}{r^2} + 3\dfrac{R_{\mathrm{p}}^4}{r^4}\right)\cos 2\theta \\
\sigma_\theta^{\mathrm{e}} = \dfrac{(1+\lambda)P}{2} + \left[\dfrac{(1+\lambda)P}{2}\sin\varphi + C\cos\varphi - (1-\lambda)P\cos 2\theta(1-\sin\varphi)\right]\dfrac{R_{\mathrm{p}}^2}{r^2} \\
\qquad + \dfrac{(1-\lambda)P}{2}\left(1 + 3\dfrac{R_{\mathrm{p}}^4}{r^4}\right)\cos 2\theta \\
\tau_{r\theta}^{\mathrm{e}} = \dfrac{(1-\lambda)P}{2}\left(1 + 2\dfrac{R_{\mathrm{p}}^2}{r^2} - 3\dfrac{R_{\mathrm{p}}^4}{r^4}\right)\sin 2\theta
\end{cases}
$$

$$
\tag{7-20}
$$

$$\begin{cases} \sigma_r^p = C\cot\varphi\left(\dfrac{r}{R}\right)^{\frac{2\sin\varphi}{1-\sin\varphi}} - C\cot\varphi \\[3mm] \sigma_\theta^p = \dfrac{1+\sin\varphi}{1-\sin\varphi}C\cot\varphi\left(\dfrac{r}{R}\right)^{\frac{2\sin\varphi}{1-\sin\varphi}} - C\cot\varphi \end{cases} \tag{7-21}$$

$$\begin{cases} u_e = \dfrac{P}{4Gr}\left[\dfrac{R_p^2}{r^2}(1-\lambda)\cos2\theta - 4(1-\mu)(1-\lambda)\cos2\theta + n\right]R_p^2 \\[3mm] u_p = \dfrac{P}{4Gr}\left[(4\mu-3)(1-\lambda)\cos2\theta + n\right]R_p^2 + \dfrac{(\chi-1)(R_p^2-r^2)}{2r} \end{cases} \tag{7-22}$$

当考虑开挖时间效应影响时，假设巷道内的岩体不是一次性开挖完成，于是巷道表面各处岩体随时间 t 就有一个逐步卸荷的过程，如巷道开挖完成所需时间为 T，则巷道表面各处岩体还存在的荷载 $p_i(t)$ 在 $t=0$ 时刻为原岩应力，在 $t=T$ 时刻就为 0，因此，可以假定 $p_i(t)$ 与 t 的关系为

$$p_i(t) = \frac{[(1+\lambda)P]/2 - [(1-\lambda)P\cos2\theta]/2}{T^2}(t-T)^2, 0 < t < T \tag{7-23}$$

如将 $p_i(t)$ 看成是巷道的支护力，于是，式(7-15)和式(7-19)就变为

$$R_p = R\left\{\frac{[(1+\lambda)P/2 + C\cot\varphi + (1-\lambda)P\cos2\theta](1-\sin\varphi)}{p_i(t) + C\cot\varphi}\right\}^{\frac{1-\sin\varphi}{2\sin\varphi}} \tag{7-24}$$

式(7-16)～式(7-22)可转变为式(7-25)～式(7-27)：

$$\begin{cases} \sigma_r^p = [p_i(t) + C\cot\varphi]\left(\dfrac{r}{R}\right)^{\frac{2\sin\varphi}{1-\sin\varphi}} - C\cot\varphi \\[3mm] \sigma_\theta^p = \dfrac{1+\sin\varphi}{1-\sin\varphi}[p_i(t) + C\cot\varphi]\left(\dfrac{r}{R}\right)^{\frac{2\sin\varphi}{1-\sin\varphi}} - C\cot\varphi \end{cases} \tag{7-25}$$

$$\begin{cases} u_e = \dfrac{P}{4Gr}\left[\dfrac{R_p^2}{r^2}(1-\lambda)\cos2\theta - 4(1-\mu)(1-\lambda)\cos2\theta + n\right]R_p^2, \\[2mm] \quad -m \leqslant \theta \leqslant m, \pi-m \leqslant \theta \leqslant \pi+m \\[3mm] u_e = \dfrac{P}{4Gr}\left[\dfrac{R^2}{r^2}(1-\lambda)\cos2\theta - 4(1-\mu)(1-\lambda)\cos2\theta + (1+\lambda) - 2p_i(t)/P\right]R^2, \\[2mm] \quad m \leqslant \theta \leqslant \pi-m, \pi+m \leqslant \theta \leqslant 2\pi-m \\[3mm] u_p = \dfrac{P}{4Gr}\left[(4\mu-3)(1-\lambda)\cos2\theta + n\right]R_p^2 + \dfrac{(\chi-1)(R_p^2-r^2)}{2r} \\[2mm] \quad -m \leqslant \theta \leqslant m, \pi-m \leqslant \theta \leqslant \pi+m \end{cases} \tag{7-26}$$

$$\begin{cases} \sigma_r^e = \dfrac{(1+\lambda)P}{2} - \left[\dfrac{(1+\lambda)P}{2}\sin\varphi + C\cos\varphi - (1-\lambda)P\cos 2\theta(1-\sin\varphi)\right]\dfrac{R_p^2}{r^2} \\ \qquad - \dfrac{(1-\lambda)P}{2}\left(1 - 4\dfrac{R_p^2}{r^2} + 3\dfrac{R_p^4}{r^4}\right)\cos 2\theta, \quad -m\leqslant\theta\leqslant m, \pi-m\leqslant\theta\leqslant\pi+m \\[2mm] \sigma_r^e = \dfrac{(1+\lambda)P}{2} - \left[\dfrac{(1+\lambda)P}{2} - p_i(t)\right]\dfrac{R^2}{r^2} - \dfrac{(1-\lambda)P}{2}\left(1 - 4\dfrac{R^2}{r^2} + 3\dfrac{R^4}{r^4}\right)\cos 2\theta, \\ \qquad m\leqslant\theta\leqslant\pi-m, \pi+m\leqslant\theta\leqslant 2\pi-m \\[2mm] \sigma_\theta^e = \dfrac{(1+\lambda)P}{2} + \left[\dfrac{(1+\lambda)P}{2}\sin\varphi + C\cos\varphi - (1-\lambda)P\cos 2\theta(1-\sin\varphi)\right]\dfrac{R_p^2}{r^2} \\ \qquad + \dfrac{(1-\lambda)P}{2}\left(1 + 3\dfrac{R_p^4}{r^4}\right)\cos 2\theta, \quad -m\leqslant\theta\leqslant m, \pi-m\leqslant\theta\leqslant\pi+m \\[2mm] \sigma_\theta^e = \dfrac{(1+\lambda)P}{2} + \left[\dfrac{(1+\lambda)P}{2} - p_i(t)\right]\dfrac{R^2}{r^2} + \dfrac{(1-\lambda)P}{2}\left(1 + 3\dfrac{R^4}{r^4}\right)\cos 2\theta, \\ \qquad m\leqslant\theta\leqslant\pi-m, \pi+m\leqslant\theta\leqslant 2\pi-m \\[2mm] \tau_{r\theta}^e = \dfrac{(1-\lambda)P}{2}\left(1 + 2\dfrac{R_p^2}{r^2} - 3\dfrac{R_p^4}{r^4}\right)\sin 2\theta, \quad -m\leqslant\theta\leqslant m, \pi-m\leqslant\theta\leqslant\pi+m \\[2mm] \tau_{r\theta}^e = \dfrac{(1-\lambda)P}{2}\left(1 + 2\dfrac{R^2}{r^2} - 3\dfrac{R^4}{r^4}\right)\sin 2\theta, \quad m\leqslant\theta\leqslant\pi-m, \pi+m\leqslant\theta\leqslant 2\pi-m \end{cases}$$

$$\tag{7-27}$$

7.1.2 基于弹塑性模型的破裂时空演化规律

（1）不同条件下巷道周边岩体的破裂空间分布规律

以试验模型 2 的围岩参数为基础，通过分别改变其中的某一项参数，得到不同侧压力系数、内聚力、摩擦角条件下模型 2 的破裂分布情况，如图 7-2 所示。不难看出：

① 当侧压力系数较小时，巷道周边岩体主要在巷道两帮位置产生塑性区，随着侧压力系数的增大，巷道两帮岩体的塑性区将逐渐减小，并逐渐向巷道顶底部扩展；当 $\lambda=1$ 时，巷道周边各处岩体的塑性区范围相等；当 $\lambda>1$ 时，随着侧压力的增大，巷道两帮岩体的塑性区将继续减小，而巷道顶、底部岩体的塑性区则迅速增大。由图 7-2(a) 可知，随着侧压力系数的增大，巷道周边岩体的最大塑性区半径将在 $\lambda<1$ 时逐渐减小，而在 $\lambda>1$ 时又逐渐增大，即 $\lambda=1$ 时，巷道周边岩体的最大塑性区半径最小。

② 随着围岩内聚力的增大，巷道周边各处岩体的塑性区半径都将逐渐减小，且越靠近巷道顶、底部的岩体，其塑性区越先消失，当围岩内聚力增大至一

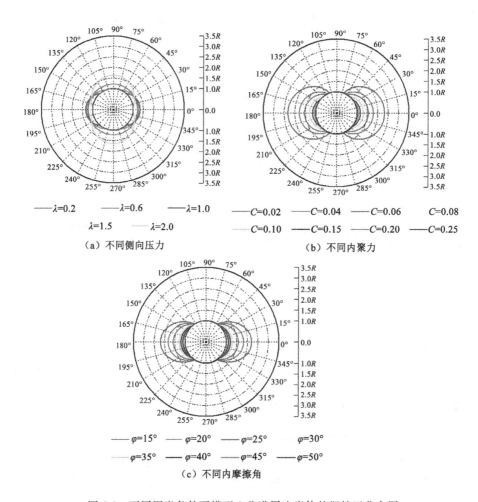

（a）不同侧向压力   （b）不同内聚力

（c）不同内摩擦角

图 7-2　不同围岩条件下模型 2 巷道周边岩体的塑性区分布图

定程度时（试验模型 2 为 0.25 MPa），巷道周边各处岩体就都不会产生塑性区，即不会发生破裂现象。由图 7-2（b）可知，随着围岩内聚力的增大，巷道周边岩体的最大塑性区半径将逐渐减小且减小的速率越来越慢，即呈指数衰减式减小。

③ 随着围岩内摩擦角的增大，巷道周边各处岩体的塑性区半径都将逐渐减小，且 φ 越大处的岩体，其塑性区减小的速度越慢。同样的，越靠近巷道顶、底部的岩体，其塑性区随内摩擦角增大越先消失。

（2）岩体破裂随时间的发展演化规律

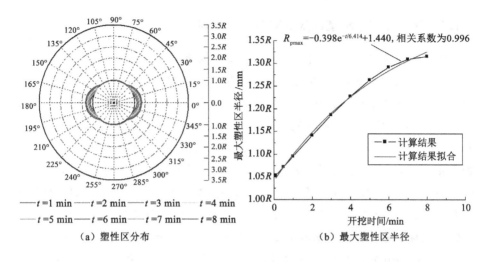

（a）塑性区分布　　　　　　　（b）最大塑性区半径

图 7-3　模型 2 岩体塑性区随开挖时间的变化发展过程（R 为巷道半径）

图 7-3 显示了模型 2 巷道周边岩体塑性区随开挖时间的变化发展过程。当巷道刚开始开挖时，巷道周边岩体首先在巷道拱腰偏上和偏下位置各产生一条斜向下和斜向上约 70° 的剪切裂纹并向 $\theta=0°$ 处扩展交汇；而后随着开挖继续，由于实际荷载 $p_i(t)$ 并不可能随时间而缓慢完成卸荷，而是在某个时刻突然卸载，于是，巷道两帮岩体的塑性区就会瞬间增大，其上下部岩体就有可能会在已有裂隙的外侧出现与第 1 条近似平行的第 2 条裂纹，并且该裂纹也同样会向 $\theta=0°$ 处扩展；依此过程，实际荷载 $p_i(t)$ 随开挖逐步完成卸荷，巷道两帮岩体就会在巷道两帮上下部随开挖时间出现类似如图 7-3（a）所示的几条平行裂纹，并在 $\theta=0°$ 处交错贯通。由图 7-3（b）可知，随着开挖的进行，围岩塑性区最大半径逐渐增大，但开挖至某一时刻后，围岩塑性区最大半径随时间的增长速率就基本为 0，即，巷道开挖引起的围岩塑性区最大半径 R_{pmax} 与开挖时间 t 呈指数递增关系，关系式为 $R_{pmax}=-0.398e^{-t/6.414}+1.440$，相关系数 $=0.996$。与 5.1.1 小节实际模型 2 的开挖破裂结果对比可以发现，随着巷道的开挖，不管是巷道围岩出现的破裂位置，还是破裂范围的大小，本章建立的弹塑性模型分析结果都与实际物理试验模型保持着较好的一致性。可见，其可以较为直观、准确、定量地对巷道周边岩体的破裂特征进行表征和描述，这也在一定程度上揭示了非轴对称荷载作用下深部圆形巷道周边岩体的破裂机理。

7.1.3 基于弹塑性模型的变形时空演化规律

图 7-4 为模型 2 巷道开挖过程中,巷道拱腰和拱底径向位移随开挖时间的变化曲线。可以看出,巷道拱顶和拱腰的径向位移都随开挖进行而逐渐增大且与开挖时间呈指数衰减式递增关系,但同一时刻下巷道拱腰处的径向位移要明显大于拱顶。其中巷道高腰处岩体的径向位移 u_1 与开挖时间 t 的关系式为 $u_1 = -1.38e^{-t/8.03} + 1.752, R^2 = 0.995$;拱顶处岩体的径向位移 u_t 与 t 的关系式则为 $u_t = -1.061e^{-t/4.052} + 1.044, R^2 = 0.998$。需要说明的是,由于围岩在开挖前会在原岩应力作用下产生初始位移 u_0,因此在 $t = 0$ 时刻,围岩径向位移不等于 0。与 3.1.1 小节实际模型 2 的开挖变形结果对比可以发现,不管是在巷道拱腰和拱顶处岩体径向位移的大小上,还是巷道拱腰和拱顶处岩体径向位移随开挖时间的变化发展规律上,本章弹塑性模型位移分析结果与实际物理模型吻合得较好,这也在一定程度上表明本章弹塑性模型能比较准确地描述深埋圆形巷道岩体的变形特征。

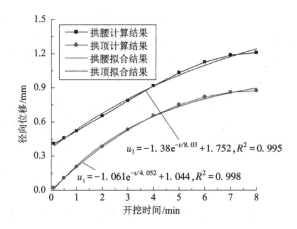

图 7-4 模型 2 巷道拱腰和拱顶的径向位移随开挖时间的变化曲线

不同开挖时间段下模型 2 巷道表面的径向位移变化曲线如图 7-5 所示。随着开挖进行,巷道表面各处岩体的径向位移都将逐渐增大,但 $\theta = 0° \sim 45°$(或其他象限的相应位置)处岩体的径向位移却增长最快,尤其是 $\theta = 0°$ 位置。当巷道开挖完成后,巷道表面岩体将在 $\theta = 0°$ 位置产生最大径向位移;随着 θ 的增大,巷道表面岩体位移将先逐渐减小($\theta = 0° \sim 45°$),而后又逐渐增大($\theta = 45° \sim 90°$)。与 3.1.1 小节图 3-9 对比可知,本章弹塑性模型分析得到的巷道表面围岩径向位移随开挖时间的变化发展规律与实际模型基本相同,而鲁宾涅特解却随顶部荷载变化,一直是 $\theta=0°$ 处岩体的径向位移最大(该处岩体塑性区半径最大),且由该处往拱顶或拱底,围岩径向位移逐渐减小,当 $\theta=90°$ 处岩体径向位移最小(该处岩体塑性区半径最小)。这进一步表明,本章建立的弹塑性模型在一定程度上能够更好地反映巷道周边各处岩体的变形状况。

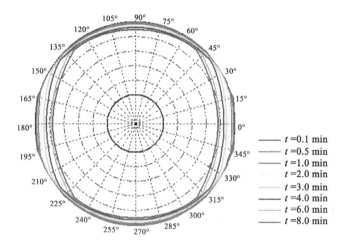

图 7-5　不同顶部荷载下模型 2 巷道表面的径向位移变化曲线

7.2　深埋圆形巷道整体滑动失稳破坏分析

7.2.1　深埋圆形巷道整体滑动失稳破坏模型

由于非轴对称荷载作用下,深埋圆形巷道应力、变形、破裂情况都是上下左右对称的,因此可以取深埋圆形巷道及其周边岩体的 1/4 进行滑动稳定性分析,如图 7-6 所示。

(1)模型施加应力边界

如深埋圆形巷道模型顶部荷载 P 的施加在模型宽度上始终是独立且保持稳定时(即实际工程中不是通过一个集中力 F_P 施加在一块平板上而形成均匀荷载 P),可以假定:

① 深埋圆形巷道周边岩体在开挖后的应力破裂情况服从本章建立的弹塑性模型准则;

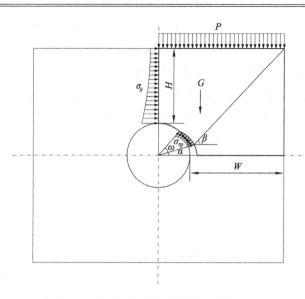

图 7-6　巷道周边岩体的滑动失稳破坏模型

② 模型宽度 W 不是固定值,其取值依据假定滑动角度 β 和 H 的大小,β 越小或 H 越大,则 W 值越大;

③ 滑动面为平面,其平面参数由滑动角 α 和 β 决定。

由图 7-6 可知,滑动体所受到的力有滑动体重力 G、顶部荷载 F_P、左侧侧向荷载 F_{σ_θ}、底部塑性区支承荷载 $F_{\sigma_{rp}}$、滑坡面抗滑力 F_C 以及滑动面法向支承反力 F_m。

由于是深埋圆形巷道,重力 G 相对顶部荷载 F_P 来说相对较小,因此重力 G 可通过下式进行简化计算:

$$G = \left[(H+R)^2/2 - \pi R^2/8\right]\gamma \tag{7-28}$$

式中,γ 为围岩重度。

顶部荷载 F_P 可通过 $P \times W$ 计算得到:

$$F_P = \left[R_p\Big|_{\theta=\alpha} \cdot \cos\alpha + (H+R-R_p\Big|_{\theta=\alpha} \cdot \sin\alpha)\cot\beta\right]P$$

$$= R\left\{\frac{\left[(1+\lambda)P/2 + C\cot\varphi + (1-\lambda)P\cos 2\alpha\right](1-\sin\varphi)}{C\cot\varphi}\right\}^{\frac{1-\sin\varphi}{2\sin\varphi}} \cdot$$

$$P\cos\alpha + (H+R)P\cot\beta -$$

$$R\left\{\frac{\left[(1+\lambda)P/2 + C\cot\varphi + (1-\lambda)P\cos 2\alpha\right](1-\sin\varphi)}{C\cot\varphi}\right\}^{\frac{1-\sin\varphi}{2\sin\varphi}} \cdot$$

$$P\cot\beta\sin\alpha \tag{7-29}$$

左侧侧向荷载 F_{σ_θ} 则通过对弹塑性模型的切向正应力 $\sigma_\theta\big|_{\theta=90°}$ 进行积分得到:

$$F_{\sigma_\theta} = \int_R^{R_p} \Big|_{\theta=90°} \sigma_\theta^p \, \mathrm{d}r + \int_{R_p}^{H+R} \Big|_{\theta=90°} \sigma_\theta^e \, \mathrm{d}r$$

$$= C\cot\varphi(Q^{\frac{\cos^2\varphi}{4\sin^2\varphi}} - 1) + CR\cot\varphi(1 - Q^{\frac{1-\sin\varphi}{2\sin\varphi}}) + n(RQ^{\frac{1-\sin\varphi}{2\sin\varphi}} - RQ^{\frac{1-\sin\varphi}{\sin\varphi}}/6) +$$

$$\lambda p(H + R - RQ^{\frac{1-\sin\varphi}{2\sin\varphi}}) + \frac{(1-\lambda)p}{2}\big[R^4 Q^{\frac{2(1-\sin\varphi)}{\sin\varphi}}/(H+R)^3 - Q^{\frac{1-\sin\varphi}{2\sin\varphi}}\big]$$

$$(7\text{-}30)$$

式中：

$$Q = \frac{[(1+\lambda)P/2 + C\cot\varphi - (1-\lambda)P](1 - \sin\varphi)}{C\cot\varphi}$$

$$n = \frac{(1+\lambda)P}{2}\sin\varphi + C\cos\varphi + P(1-\lambda)(1-\sin\varphi)$$

当巷道顶部不产生塑性区时，有：

$$F_{\sigma_\theta} = \frac{HnR^2}{H+R} - \frac{[(H+R)^3 - R^3](1-\lambda)RP}{2(H+R)^3} + \lambda PHR \qquad (7\text{-}31)$$

巷道周边围岩塑性区支承 $F_{\sigma_{rp}}$ 可分解为水平分力 $F_{\sigma_{rp1}}$ 和竖向分力 $F_{\sigma_{rp2}}$，分别根据弹塑交界面上的径向正应力 $\sigma_r^p \big|_{r=R_p}$ 积分求出：

$$F_{\sigma_{rp1}} = \int_a^{a+\omega} \cos\theta \cdot \sigma_r^p \big|_{r=R_p} R\mathrm{d}\theta = (T + X/2)(\sin\omega - \sin\alpha) +$$

$$\frac{X}{6}(\sin 3\omega - \sin 3\alpha) \qquad (7\text{-}32)$$

$$F_{\sigma_{rp2}} = \int_a^{a+\omega} \sin\theta \cdot \sigma_r^p \big|_{r=R_p} R\mathrm{d}\theta = (X/2 - T)(\cos\omega - \cos\alpha) -$$

$$\frac{X}{6}(\cos 3\omega - \cos 3\alpha) \qquad (7\text{-}33)$$

式中：

$$\omega = \arccos\left\{\left[\frac{C\cos\varphi}{1-\sin\varphi} - \frac{(1+\lambda)P}{2}\right]/[(1-\lambda)P]\right\} - \alpha$$

$$T = \frac{(1+\lambda)PR}{2}(1 - \sin\varphi) - RC\cos\varphi$$

$$X = PR(1-\lambda)(1 - \sin\varphi)$$

当 $\alpha \geqslant \omega$ 时，$F_{\sigma_{rp1}} = F_{\sigma_{rp2}} = 0$。

滑坡面抗滑力 F_C 则由下式计算：

$$F_C = C(H + R - R_p \big|_{\theta=a} \cdot \sin\alpha)/\sin\beta \qquad (7\text{-}34)$$

根据滑动体力学平衡条件，可得到滑动面法向支承反力 F_m 为

$$F_m = (F_P + G - F_{\sigma_{rp2}})\cos\beta + (F_{\sigma_\theta} + F_{\sigma_{rp1}})\sin\beta \qquad (7\text{-}35)$$

综上,可根据滑动面上滑动体的抗滑力与下滑力比值 F_S 来衡量滑动体的整体稳定系数。其中,滑动面上滑动体的抗滑力有 F_m 产生的摩擦力 $F_m \tan \varphi$,岩体本身具有的抗滑力 F_C、F_{σ_θ},以及 $F_{\sigma_{rp1}}$ 在滑坡面上的斜向上分力 $(F_{\sigma_\theta} + F_{\sigma_{rp1}}) \cdot \cos \beta$;滑坡面上滑动体的下滑力则有 F_P、G,以及 $F_{\sigma_{rp2}}$ 在滑坡面上的斜向下分力 $(F_P + G - F_{\sigma_{rp2}}) \sin \beta$,于是:

$$
\begin{aligned}
F_S &= \frac{F_m \tan \varphi + (F_{\sigma_\theta} + F_{\sigma_{rp1}}) \cos \beta + F_C}{(F_P + G - F_{\sigma_{rp2}}) \sin \beta} \\
&= \frac{[(F_P + G - F_{\sigma_{rp2}}) \cos \beta + (F_{\sigma_\theta} + F_{\sigma_{rp1}}) \sin \beta] \tan \varphi + (F_{\sigma_\theta} + F_{\sigma_{rp1}}) \cos \beta}{(F_P + G - F_{\sigma_{rp2}}) \sin \beta} + \\
&\quad \frac{C(H + R - R_p |_{\theta=\alpha} \cdot \sin \alpha) / \sin \beta}{(F_P + G - F_{\sigma_{rp2}}) \sin \beta}
\end{aligned}
\tag{7-36}
$$

由于滑动面是任意假定的,因此计算巷道整体稳定性系数时,首先要假定多个 α 和 β 值做类似计算分析,然后从这些假定滑动面中找出最小的稳定系数作为巷道真正的整体稳定性系数,其对应的滑动面即为巷道的真正($F_S < 1$)或潜在($F_S > 1$)滑动失稳面。

(2)模型施加位移边界

如深埋圆形巷道模型顶部荷载 P 的施加是通过一个集中力 F_P 施加在一块平板上而形成的(物理试验或模拟试验),则深埋圆形巷道模型的大小是固定不变的,而且由于模型顶部受平板约束,其位移始终保持一致,因此滑动面肯定要通过模型的右上角点。于是可以假定:

① 深埋圆形巷道周边岩体在开挖后的应力破裂情况服从本章建立的弹塑性模型准则;

② 模型宽度 W 是固定值且等于 H;

③ 滑动面依然是平面,其平面参数完全由滑动角 α 决定,另一个滑动角 β 则为 $\arctan[(H + R - R_p |_{\theta=\alpha} \cdot \sin \alpha) / (H + R - R_p |_{\theta=\alpha} \cdot \cos \alpha)]$。

则同样可根据式(7-36)的滑动面上滑动体的抗滑力与下滑力比值 F_S 来衡量滑动体的整体稳定系数,但式(7-29)应变为:

$$
F_P = (H + R)P
\tag{7-37}
$$

7.2.2 基于失稳破坏模型的巷道稳定性分析

以模型 4 为对象,根据上面两种失稳破坏模型研究它们的失稳破坏情况。图 7-7 给出了试验模型 4 和依托工程巷道周边岩体发生整体性失稳时滑动面的位置。可以看出,当巷道周边岩体发生整体性失稳时,试验模型 4 和依托工程的滑动面位置大体一致,即:采用应力边界滑动失稳模型进行分析时,滑动面的滑动角度 α 约为 $25°\sim28°$,滑动角度 β 约为 $67°\sim72°$;采用位移边界滑动失稳模型进行分析时,滑动面的滑动角度 α 约为 $0.5°$,滑动角度 β 约为 $60°\sim62°$。

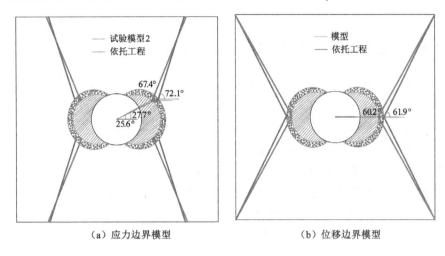

（a）应力边界模型　　　　　　　　　（b）位移边界模型

图 7-7　不同试验条件下模型 4 巷道周边岩体的滑动失稳情况

　　将位移边界滑动失稳模型得出的滑动面同 3.2.1 小节物理模型试验结果和 6.4.3 小节依托工程数值模拟结果得到的破裂滑动面进行对比如图 7-8 所示。物理试验和数值模拟采用的均是位移边界条件,其中,数值模拟虽然为应力边界条件,但它是通过移动四周墙体位置来改变应力大小的,因此在滑动失

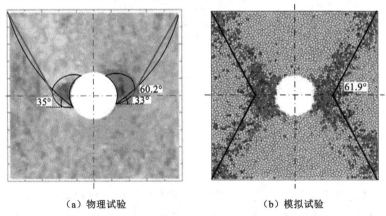

（a）物理试验　　　　　　　　　（b）模拟试验

图 7-8　计算的滑动面位置同物理试验和数值试验的对比结果

稳分析中,也将其归结为应力边界条件。可以发现,三者位置基本一致。这进一步说明本章建立的巷道整体失稳破坏模型可以有效评价巷道的整体稳定性。

7.3 深埋圆形巷道岩体的变形破裂时空演化机理

7.3.1 深埋圆形巷道岩体的变形时空演化机理

根据前文研究结果可知,无构造应力作用下(侧压系数小于 0.5)圆形巷道岩体的变形呈现如下时空演化规律:① 巷道各处岩体的径向位移随开挖时间都呈"台阶式"增长,即,其径向位移增长都是在每个进尺的前 $1\sim2$ h 内完成的,之后则基本保持不变;从掌子面推进影响程度上看,各处岩体的径向位移增长幅度都是在巷道掌子面通过该处时最大,之后随掌子面远离而逐渐减小,在掌子面通过该处之前则随掌子面靠近而逐渐增大但并不明显,如图 7-9 所示。② 当巷道开挖通过时,巷道顶、底部岩体径向位移将在巷道表面位置最大,往围岩深处呈指数衰减式减小;而巷道帮部岩体的径向位移虽然也在巷道表面位置最大,但往围岩深处则是先迅速递减至负向最大值(范围约 $0.5R\sim0.75R$)而后又缓慢增大为零,如图 7-10 所示。③ 当竖向应力不大时,巷道表面收敛变形将在巷道两侧拱腰处最大,而后随着竖向应力的增大,巷道顶、底部岩体发生整体滑移下沉,巷道表面最大收敛变形将出现在两侧的对角线位置。

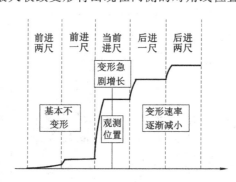

图 7-9 岩体径向位移随开挖时间的变化曲线

通过对巷道周边岩体变形产生的原因进行分析,可以确定无构造应力作用下巷道岩体的变形场由 3 种型式的变形叠加得到:第 1 种是因径向应力卸载而产生的变形,第 2 种是因岩体发生剪切破坏而产生的剪胀变形(包括塑性变

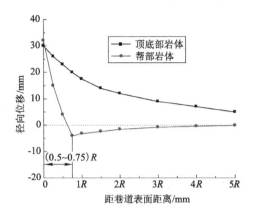

图 7-10　巷道岩体径向位移空间分布模式(R 为巷道半径)

形),第 3 种是因岩体发生整体性失稳而产生的类似于刚体位移的滑动变形。由于任一横断面岩体的径向应力卸载幅度(卸载变形)及帮部岩体的破裂扩展程度(剪胀变形)都是在巷道开挖通过该横断面位置时最大,在开挖通过后逐渐减小,在开挖通过前则基本不变,因此,巷道各处岩体变形将随开挖工作面的推进经历基本不变形、变形急剧增加、变形速率逐渐减小三个阶段。当巷道开挖通过横断面位置后,如竖向应力较小,则巷道岩体只产生卸载变形,根据弹性力学理论[式(7-14)]可知,岩体将在拱顶、底处产生最大径向变形,往围岩深处和两侧拱腰方向,岩体径向变形将逐渐减小,至两帮拱腰处时,巷道岩体的径向位移甚至为负值,且该值在两帮位置也是越靠近巷道表面越大。当竖向应力较大,致使巷道两帮浅部岩体发生剪切破坏时[式(7-27)],破裂区内的岩体就会发生往巷道内的剪胀变形,而剪胀变形通常大于卸载变形,导致巷道两帮浅部破裂区内的岩体出现正向径向位移,且越靠近巷道表面径向位移越大;巷道两帮深部岩体则出现负向径向位移,且越靠近弹塑性交界面位置其值越大,于是巷道帮部岩体就会出现如图 7-11 所示的变形分布模式。此时,巷道表面收敛变形在巷道两侧拱腰处最大,往顶底板方向则是先逐渐减小($\theta=0°\sim50°$),而后又逐渐增大($\theta=50°\sim90°$),如图 7-11(a)所示。当巷道两帮岩体破裂发展达到一定程度时[式(7-36)],巷道顶、底部岩体就会因在两侧拱腰处的"立足"不稳而沿$\theta=30°\sim60°$的一个平面或弧面发生整体性滑动,产生滑动变形。滑动变形要远大于剪胀变形和卸载变形,于是,巷道周边岩体就会在$\theta=30°\sim60°$位置产生最大的径向位移。由该位置往巷道拱顶、底或两侧拱腰,岩体径向位移将逐渐减小,但此时,拱顶、底处岩体的径向位移要明显大于两帮,如图 7-11(b)所示。

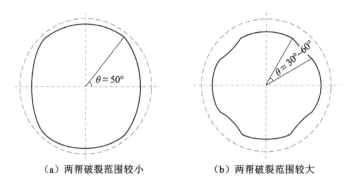

（a）两帮破裂范围较小　　　（b）两帮破裂范围较大

图 7-11　巷道表面岩体收敛变形图示

7.3.2　深埋圆形巷道岩体的破裂时空演化机理

由前文物理试验、数值模拟及理论分析结果可知,无构造应力作用下圆形巷道岩体的破裂将呈现以下的时空演化规律:① 巷道开挖过程中,巷道横断面顶、底部岩体始终不发生破裂,而帮部岩体破裂则随开挖面推进可大致分为未破裂、裂纹开始出现、上下裂纹开始交汇、裂纹开始交错贯通、裂纹大幅交错贯通、裂纹偏转压密 6 个发展阶段。② 随着竖向应力的增大,巷道顶、底部岩体依然不会发生破裂,巷道帮部岩体的破裂则逐渐往深处及顶、底部扩展,并在两条对角线附近产生两条明显的主裂纹,形成"X"形破裂。

无构造应力作用下圆形巷道岩体出现这种破裂时空演化规律的原因是无构造应力巷道岩体的竖向应力通常要比水平应力大约 2 倍以上。随着开挖的进行,巷道周边岩体的径向应力将逐渐被解除,即,巷道顶、底部岩体和帮部岩体主要解除的分别是竖向应力和水平应力。因此巷道开挖过程中,巷道帮部岩体的剪应力值将要明显大于顶、底部,当其超过岩体的抗剪强度时,巷道帮部岩体就会出现破裂。根据本章弹塑性模型可知,不同开挖时刻,无构造应力作用下巷道帮部岩体的塑性区半径都是在 $\theta=0°$(拱腰处)方向最大,往巷道顶、底板方向则逐渐减小,即巷道岩体塑性区总是在帮部呈"月牙"形分布,如图 7-12 所示,图中帮部岩体的破裂范围参数 b 和 θ 可由式(7-15)计算得到。假定岩体在弹塑性交界面上因应变不连续容易产生裂纹,则巷道刚开始开挖时,巷道周边岩体就首先会在两侧拱腰偏上和偏下位置各产生一条斜向下和斜向上约 70°的剪切裂纹并向 $\theta=0°$ 处扩展交汇;随着开挖进行,由于巷道周边岩体会在多个

时刻点上（如分块开挖，下一进尺开挖）
突然完成较大卸载，导致巷道两帮岩体
的塑性区瞬间往围岩深处和顶、底板方
向扩展，于是巷道两帮岩体就有可能会
在已有裂隙的外侧出现与第1条大体平
行的第2条裂纹，并且该裂纹也同样会
向 $\theta=0°$ 处扩展；当开挖过程中围岩发生
多次突然卸荷，巷道两帮岩体就会在两
帮上下部随开挖时间各出现几条平行剪
切滑移裂纹，并在 $\theta=0°$ 处交错贯通。

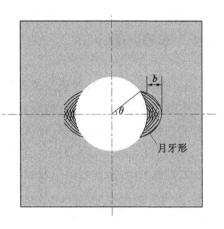

图 7-12　无构造应力巷道岩体
的常规破裂分布模式

　　当巷道两帮岩体出现塑性区时，由本
章的弹塑性模型和滑动失稳破坏模型可
知，两帮塑性区内岩体的承载能力会发生
下降，同时，两帮岩体对顶、底部岩体的抗滑能力也会减弱；塑性区越大，两帮岩
体的承载能力和抗滑能力越小，当塑性区扩展至一定程度（巷道整体稳定性系
数小于1）时，巷道顶、底部岩体就因在拱腰处"立足"不稳而发生整体性下滑失
稳，出现"X"形破裂，如图 7-13 所示。

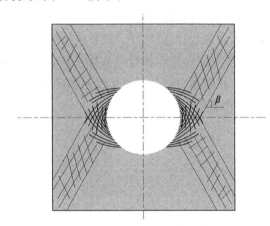

图 7-13　无构造应力巷道岩体的"X"形破裂分布模式

7.4　本章小结

本章在对物理和数值模拟试验数据进行分析总结的基础上,提出非轴对称荷载作用下深部岩体的变形破裂和整体稳定性评价理论分析模型,以对其变形破裂时空演化机理进行揭示,得到了以下几个成果:

(1)建立了巷道岩体的变形破裂模型。考虑巷道开挖时间效应影响和塑性区岩体剪胀作用,建立得到了非轴对称荷载作用下巷道岩体的变形破裂弹塑性模型,该模型能在一定程度上对巷道周边岩体的变形破裂时空演化规律进行较为直观的表征和说明。

(2)建立了巷道岩体的失稳破坏模型。在弹塑性模型应力和变形破裂分析的基础上,建立了应力边界和位移边界两种巷道滑动失稳破坏模型,该模型能够有效评价巷道的整体稳定性并能指出巷道周边岩体潜在或真正的滑动面位置。

(3)分析得到了无构造应力作用下巷道岩体的变形破裂机理。① 巷道岩体变形场是三种型式的变形叠加结果,第 1 种是因径向应力卸载而产生的变形,第 2 种是因岩体发生剪切破坏而产生的剪胀变形,第 3 种是因岩体发生整体性失稳而产生的类似于刚体位移的滑动变形;② 围岩在巷道开挖过程中发生的多次突然卸荷,将导致两帮岩体发生"月牙"形破裂并逐渐往深处和顶、底部扩展;③ 两帮岩体的破裂将导致其承载能力和抗滑能力减弱,因此当两帮岩体破裂扩展至一定程度时,巷道顶、底部岩体就因在拱腰处"立足"不稳而发生整体性下滑失稳,出现"X"形破裂。

8 结论与展望

8.1 主要研究成果

由于实际工程岩体或当前物理模型都是不透明材料,致使岩体内部变形破裂的发生、发展及其演变过程无法进行全面细致的"直接观测",本书以透明岩体相似材料为基础、探索研究透明岩体相似材料的内部变形破裂观测试验技术(含数字照相量测方法),并在此基础上进行相关数值模拟以及理论分析,得到了以下几个成果:

(1)围绕现有透明岩土基础试验方法,进一步对透明岩体相似材料以及试验方法展开研究

① 进行了透明岩体相似材料的相关力学性质测试。基于现有透明岩体基础试验方法,研制了满足试验应用要求的透明岩体相似材料,并对其进行了基本力学参数测试。

② 研发了透明岩体加载试验系统。以透明岩体相似材料为基础,加工得到了透明岩体巷道模型的试验装置;另外,考虑透明岩体试验本身特点,研制出了使用电机加载的透明岩体多功能加载试验系统。

③ 提出了透明岩体内部的人工制斑方法。针对透明土体激光制斑方法应用于透明岩体时存在的问题,提出了透明岩体人工填充式制斑方法和三维数字照相量测分析方法,为获得透明岩体内部的变形破裂数据提供了新思路。

(2)以透明岩体试验新技术为出发点,对模型巷道周边围岩的内部变形过程进行全程二维数字照相量测分析

① 在时间演化规律方面:

a. 获得了巷道开挖过程中围岩变形随开挖时间的变化规律。任一横断面

巷道岩体变形都在巷道开挖通过该横断面位置时随开挖时间增长最快,在通过后增长速度随开挖时间逐渐减小,在通过前随开挖时间增长速度较小;当巷道开挖通过某一横断面时,该横断面岩体各处变形都将与开挖时间呈指数衰减式增大。

b. 获得了不同顶部荷载作用下的围岩位移与荷载的拟合公式。

② 在空间演化规律方面:

a. 获得了巷道开挖后围岩的变形空间分布模式。当巷道开挖通过某一横断面时,该横断面各处岩体都将在巷道表面位置产生最大的径向位移,往围岩深处径向位移则呈指数衰减式减小。

b. 建立了开挖结束后的围岩位移与其距巷道表面距离的拟合公式。

c. 获得了不同顶部荷载作用下的围岩位移与其距巷道表面距离的拟合公式。随着顶部荷载的增大,横断面岩体最大变形将由两侧拱腰处快速往巷道拱顶、底方向扩展,同时,巷道顶、底部岩体将沿巷道两侧拱腰斜向上或斜向下约30°的四条弧线向巷道内发生整体性剪切滑动。

(3) 对三维数字照相量测方法及其在透明岩体巷道模型中的应用进行了研究

① 研制得到了三维数字照相量测软件 Photogram_3D。通过对三维数字照相量测相关算法进行研究,采用面向对象的编程语言 Delphi 结合 MATLAB 计算数据库成功研发出了包含图像预处理、特征点检测、相机平面检校、三维坐标求解四大模块的三维数字照相量测软件系统 Photogram_3D。

② 对三维数字照相量测软件 Photogram_3D 进行了精度校验。Photogram_3D 软件在同相机图像同名点匹配上,其精度约为 0.11～0.19 个像素;在异相机图像同名点匹配上,其精度约为 0.55 个像素;在三维坐标求解上,其精度能达 11/50 000 以上。

③ 对三维数字照相量测软件 Photogram_3D 进行了透明岩体试验应用并得到了透明岩体内部各个布置测点的三维变形时空演化规律。随着巷道的前进开挖,巷道周边各个测点的径向位移值都将逐渐增大,且距巷道表面距离越小,其值变化越大;随着模型顶部荷载的增大,巷道顶部岩体以发生整体性的向下滑动为主,且巷道两帮和顶部测点的径向位移都与模型顶部荷载呈指数增长关系。

(4) 对模型巷道横纵断面岩体的破裂发展规律进行了分析

① 在时间演化规律方面:

a. 得到了巷道岩体破裂相关参数与开挖时间的关系式。巷道横断面岩体的宏观裂纹数目、宏观裂纹总长、破裂区域宽度、破裂区域圆心角、破裂分形维数随巷道开挖通过时间呈指数衰减式增长。

b. 获得了巷道岩体破裂相关参数与顶部荷载的关系式。巷道横断面岩体的宏观裂纹数目、宏观裂纹总长、破裂区域宽度及破裂区域圆心角与模型顶部荷载呈指数增长关系,破裂分形维数则与模型顶部荷载呈线性增长关系。

② 在空间演化规律方面:

a. 指出了巷道岩体破裂在横断面上的发展演化规律。在巷道横向上,巷道岩体在横断面上的破裂发展大致可以分为未破裂、裂纹开始出现、上下裂纹开始交汇、裂纹开始交错贯通、裂纹大幅交错贯通、裂纹偏转压密6个阶段。

b. 指出了巷道岩体破裂在纵断面上的发展演化规律。巷道开挖完成后,整个巷道拱腰处的裂纹沿纵向呈"鱼鳞"状分布;随着竖向应力的增加,巷道岩体在纵向上的破裂扩展可分为拱腰处岩体裂纹大幅扩展、拱腰处岩体发生剥落、拱腰处岩体裂纹被压密、顶底板岩体发生破裂这4个阶段。

(5) 采用PFC3D离散颗粒流软件重现了无构造应力下深部圆形巷道岩体的变形破裂时空演化过程

① 在时间演化规律方面,获得了巷道岩体变形破裂随开挖的变化发展规律。巷道各处岩体的竖向位移随开挖时间呈"台阶式"增长,其增长幅度在巷道刚开挖通过时最大,通过之后次之,通过之前最小;巷道围岩破裂数目、分形维数与开挖时间呈指数增长关系。

② 在空间演化规律方面:

a. 获得了巷道开挖后岩体的变形空间分布模式。顶板岩体的竖向位移与其距巷道表面的距离呈指数衰减关系;巷道帮部岩体除破裂部分外,其他处的水平位移随开挖时间变化很小,并与其距巷道表面的距离呈线性关系。

b. 获得了巷道开挖过程中岩体的破裂空间分布模式。巷道周边各处岩体在巷道开挖通过该位置前都不发生破裂,在巷道开挖通过该位置后,巷道顶、底板处的岩体仍不发生破裂,而巷道两帮岩体则在拱腰处先出现剪切滑移破裂且其随时间逐渐往顶、底板方向扩展。

③ 在变形破裂机理方面,探讨了巷道岩体的破裂发展机理。巷道岩体剪应力由浅部往深部传递是一个衰减和滞后的过程:当巷道刚开挖通过时,巷道两帮浅部岩体首先出现高剪应力并发生片帮剥落现象,其承载能力降低,高剪应力由浅部逐渐向深处传递;然后伴随着新的开挖卸荷作用,已发生破裂的帮部

浅部围岩继续破裂,承载能力继续降低,导致邻近岩体剪应力升高,发生屈服延性破坏,出现明显的剪切滑移破裂现象。

(6) 在对物理和数值模拟试验数据进行分析总结的基础上,建立巷道岩体变形破裂及失稳破坏的理论模型以对巷道围岩变形破裂机理进行揭示

① 建立了考虑巷道开挖时间效应影响和塑性区岩体剪胀作用的非轴对称荷载作用下的深埋圆形巷道弹塑性模型,该模型能在一定程度上对巷道周边岩体的变形破裂时空演化规律进行较为直观的表征和说明。

② 在弹塑性模型应力和变形破裂分析的基础上,建立了应力边界和位移边界两种巷道滑动失稳破坏模型,该模型能够有效评价巷道的整体稳定性并能指出巷道周边岩体潜在或真正的滑动面位置。

③ 获得了无构造应力作用下巷道岩体的变形破裂机理:

a. 巷道岩体变形场是3种形式的变形叠加结果,第一种是因径向应力卸载而产生的变形,第2种是因岩体发生剪切破坏而产生的剪胀变形,第3种是因岩体发生整体性失稳而产生的类似于刚体位移的滑动变形。

b. 围岩在巷道开挖过程中发生的多次突然卸荷,将导致两帮岩体发生"月牙"形破裂并逐渐往深处和顶、底部扩展。

c. 两帮岩体的破裂将导致其承载能力和抗滑能力减弱,因此当两帮岩体破裂扩展至一定程度时,巷道顶、底部岩体就因在拱腰处"立足"不稳而发生整体性下滑失稳,出现"X"形破裂。

8.2 展望

本书采用透明岩体新技术、FPC3D 数值模拟以及相关理论分析方法,仅对非轴对称荷载作用下的深埋圆形巷道周边岩体变形破裂时空演化规律及机理展开初步研究,因此,本书下一步的研究工作可从以下几个方面进行:

(1) 透明岩体试验技术。透明岩体试验技术代表着岩土力学与工程试验方法的一个新方向,但就目前来说,其仍处于起步阶段,有许多基础问题值得进一步研究:

① 提高透明岩体的强度。目前得到的透明岩体试样强度普遍较低,仅能模拟一些软岩,提高固结压力是一个提高透明岩体强度的可行方法,但施加高固结压力后,对模型进行卸载就容易导致透明岩体模型反弹而失去透明度。因此,下一步的研究工作可考虑提高透明岩体的固结压力并增大玻璃箱外围的钢

框架围护刚度（减小反弹量），从而提高透明岩体强度以模拟更多的围岩，更好地为深部地下工程物理试验服务。

　　② 改善透明岩体模型内部的变形观测方法。由于透明岩体模型采用的硅粉颗粒很小且在固结压力下以更加紧密的方式堆积，沿用透明土的激光切面数字照相量测技术对透明岩体模型的内部变形进行观测则效果很差。采用在模型内部进行平面制斑虽然能在一定程度上对模型的内部变形进行量测，但其也仅能在距模型边界约 3～5 cm 的一个平面位置取得较好的观测效果，另外，也无法对其他位置的岩体进行观测。因此，下一步的研究可考虑在透明岩体内部不同平面上布置多排多列错开的散点颗粒来获得透明岩体模型内部更多的变形破裂数据。

　　③ 能对透明岩体模型进行侧向加载。由于透明岩体相似材料在模型制作初期是一种可流动的混合胶体，且在排液固结过程中，模型压缩量很大（约 3～10 cm，固结压力越大，压缩量也越大）。因此，透明岩体模型模具须为四周和底面均封闭的箱体结构，这就导致无法对透明岩体模型的顶面和侧面同时进行固结或加载。然而实际工程中，大多数深埋巷道都存在较大的水平构造应力，这就导致透明岩体相似材料应用于深埋巷道物理模拟时受到了较大限制。下一步的研究可考虑在透明岩体完成单向固结后，将玻璃箱侧向板去除，然后再对透明岩体模型进行侧向加载，从而能模拟更多应力条件下的深部巷道工程。

　　（2）本书仅采用透明岩体相似材料模拟均质围岩条件下的深埋圆形巷道，下一步研究可考虑用透明岩体相似材料对不同地层条件、不同巷道断面形式、不同支护条件、不同节理或裂隙状况的深埋巷道进行模拟。

　　（3）三维数字照相量测技术不仅能应用于透明岩体模型内部的三维变形量测，还能对室内模型试验、隧道、边坡和地表等进行三维形貌重构或三维变形量测，因此，下一步的研究可考虑对三维数字照相量测技术进行完善改进，以期能应用于岩土工程的更多领域中。

参 考 文 献

[1] 何满潮,钱七虎.深部岩体力学基础[M].北京:科学出版社,2010.

[2] 周宏伟,谢和平,左建平.深部高地应力下岩石力学行为研究进展[J].力学进展,2005,35(1):91-99.

[3] 靖洪文,孟庆彬,朱俊福,等.深部巷道围岩松动圈稳定控制理论与技术进展[J].采矿与安全工程学报,2020,37(3):429-442.

[4] ZHAO Y X,ZHOU J L,ZHANG C,et al. Failure mechanism of gob-side roadway in deep coal mining in the Xinjie mining area:theoretical analysis and numerical simulation[J]. Journal of Central South University,2023,30(5):1631-1648.

[5] 钱七虎,李树忱.深部岩体工程围岩分区破裂化现象研究综述[J].岩石力学与工程学报,2008,27(6):1278-1284.

[6] 许磊,郭帅,ELMO D,等.深部不同断面巷道分区破裂形态与围岩结构控制[J].岩土工程学报,2023,45(4):720-729.

[7] 韩立军,贺永年,蒋斌松,等.环向有效约束条件下破裂岩体承载变形特性分析[J].中国矿业大学学报,2009,38(1):14-19.

[8] 王明洋,周泽平,钱七虎.深部岩体的构造和变形与破坏问题[J].岩石力学与工程学报,2006,25(3):448-455.

[9] 胡南燕,黄建彬,罗斌玉,等.环氧树脂基脆性透明岩石相似材料配比试验研究[J].岩土力学,2023,44(12):3471-3480.

[10] 周小平,钱七虎,杨海清.深部岩体强度准则[J].岩石力学与工程学报,2008,27(1):117-123.

[11] 陈安敏,顾金才,沈俊,等.地质力学模型试验技术应用研究[J].岩石力学与工程学报,2004,23(22):3785-3789.

[12] 柏立田,张兴阳,徐钧.泥岩顶板巷道裂隙演化规律及控制的应用研究[J]. 煤炭工程,2010,42(9):66-69.

[13] 李学华,梁顺,姚强岭,等.泥岩顶板巷道围岩裂隙演化规律与冒顶机理分析[J].煤炭学报,2011,36(6):903-908.

[14] 张玉军,李凤明.高强度综放开采采动覆岩破坏高度及裂隙发育演化监测分析[J].岩石力学与工程学报,2011,30(增刊1):2994-3001.

[15] 彭永伟,齐庆新,李宏艳,等.煤体采动裂隙场演化与瓦斯渗流耦合数值模拟[J].辽宁工程技术大学学报(自然科学版),2009,28(增刊1):229-231.

[16] 彭永伟.高强度开采煤体采动裂隙场演化及其与瓦斯流动场耦合作用研究[D].北京:煤炭科学研究总院,2008.

[17] 揭秉辉,赵周能,陈炳瑞,等.基于微震监测技术的深埋长大隧洞群岩爆时空分布规律分析[J].长江科学院院报,2012,29(9):69-73.

[18] 肖鹏,韩凯,双海清,等.基于微震监测的覆岩裂隙演化规律相似模拟试验研究[J].煤炭科学技术,2022,50(9):48-56.

[19] 宋选民,顾铁凤,柳崇伟.受贯通裂隙控制岩体巷道稳定性试验研究[J].岩石力学与工程学报,2002,21(12):1781-1785.

[20] LEI X L,MASUDA K,NISHIZAWA O,et al. Detailed analysis of acoustic emission activity during catastrophic fracture of faults in rock[J]. Journal of structural geology,2004,26(2):247-258.

[21] SON B K,LEE C I,PARK Y J,et al. Effect of boundary conditions on shear behaviour of rock joints around tunnel[J]. Tunnelling and underground space technology,2006,21(3/4):347-348.

[22] 赵保太,林柏泉,林传兵.三软不稳定煤层覆岩裂隙演化规律实验[J].采矿与安全工程学报,2007,24(2):199-202.

[23] NASSERI M H B,MOHANTY B. Fracture toughness anisotropy in granitic rocks[J]. International journal of rock mechanics and mining sciences,2008,45(2):167-193.

[24] 李振华,丁鑫品,程志恒.薄基岩煤层覆岩裂隙演化的分形特征研究[J].采矿与安全工程学报,2010,27(4):576-580.

[25] ERARSLAN N,WILLIAMS D J. The damage mechanism of rock fatigue and its relationship to the fracture toughness of rocks[J]. International journal of rock mechanics and mining sciences,2012,56:15-26.

[26] 李树忱,马腾飞,蒋宇静,等.深部多裂隙岩体开挖变形破坏规律模型试验研究[J].岩土工程学报,2016,38(6):987-995.

[27] 黄达,郭颖泉,朱谭谭,等.法向卸荷条件下含单裂隙砂岩剪切强度与破坏特征试验研究[J].岩石力学与工程学报,2019,38(7):1297-1306.

[28] 李地元,万千荣,朱泉企,等.不同加载方式下含预制裂隙岩石力学特性及破坏规律试验研究[J].采矿与安全工程学报,2021,38(5):1025-1035.

[29] 左建平,孙运江,文金浩,等.深部巷道全空间协同控制技术及应用[J].清华大学学报(自然科学版),2021,61(8):853-862.

[30] 赵旭峰,王春苗,孔祥利.深部软岩隧道施工性态时空效应分析[J].岩石力学与工程学报,2007,26(2):404-409.

[31] PROCHÁZKA P P. Application of discrete element methods to fracture mechanics of rock bursts[J]. Engineering fracture mechanics,2004,71(4/5/6):601-618.

[32] WANG S Y,SLOAN S W,TANG C A,et al. Numerical simulation of the failure mechanism of circular tunnels in transversely isotropic rock masses[J]. Tunnelling and underground space technology,2012,32:231-244.

[33] 谷岩,张耀明.双材料界面裂纹复应力强度因子的正则化边界元法[J].力学学报,2021,53(4):1049-1058.

[34] 张鑫,沈振中,徐力群.含孔岩体破裂过程的无单元法数值模拟[J].河海大学学报(自然科学版),2008,36(5):722-726.

[35] ZHU W C,TANG C A. Numerical simulation of Brazilian disk rock failure under static and dynamic loading[J]. International journal of rock mechanics and mining sciences,2006,43(2):236-252.

[36] 王国艳,于广明,宋传旺.初始裂隙几何要素对岩石裂隙分维演化的影响[J].地下空间与工程学报,2011,7(6):1148-1152.

[37] 武东阳,蔚立元,苏海健,等.单轴压缩下加锚裂隙类岩石试块裂纹扩展试验及 PFC^{3D} 模拟[J].岩土力学,2021,42(6):1681-1692.

[38] 王金安,冯锦艳,蔡美峰.急倾斜煤层开采覆岩裂隙演化与渗流的分形研究[J].煤炭学报,2008,33(2):162-165.

[39] 王国艳,于广明,于永江,等.采动岩体裂隙分维演化规律分析[J].采矿与安全工程学报,2012,29(6):859-863.

[40] 魏江波,王双明,宋世杰,等.浅埋煤层过沟开采覆岩裂隙与地表裂缝演化

规律数值模拟[J].煤田地质与勘探,2022,50(10):67-75.

[41] YEUNG M R,LEONG L L. Effects of joint attributes on tunnel stability [J]. International journal of rock mechanics and mining sciences,1997,34 (3/4):348. e1-348. e18.

[42] 靖洪文,许国安.地下工程破裂岩体位移规律数值分析[J].岩石力学与工程学报,2003,22(8):1281-1286.

[43] KEMENY J. Time-dependent drift degradation due to the progressive failure of rock bridges along discontinuities[J]. International journal of rock mechanics and mining sciences,2005,42(1):35-46.

[44] 肖红飞,何学秋.煤岩巷道掘进过程电磁辐射的时空分布规律研究[J].岩石力学与工程学报,2009,28(增刊1):2868-2874.

[45] 许国安.深部巷道围岩变形损伤机理及破裂演化规律研究[D].徐州:中国矿业大学,2011.

[46] 黄龙现,杨天鸿,李现光.裂隙方向对巷道稳定性的影响[J].石河子大学学报(自然科学版),2012,30(1):100-104.

[47] 凌同华,曹峰,李洁,等.岩溶隧道富裂隙围岩的爆破力学特性分析[J].地下空间与工程学报,2015,11(增刊2):810-816.

[48] 梁中勇,杨胜波,崔宇,等.层理白云岩力学特性及隧道围岩位移特征研究[J].水利水电技术,2020,51(6):121-127.

[49] 梁金平,荆浩勇,侯公羽,等.卸荷条件下围岩的细观损伤及力学特性研究[J].岩土力学,2023,44(增刊1):399-409.

[50] 耿鸣山.深部岩体硐室分区破裂化数值试验研究[D].大连:大连理工大学,2010.

[51] 张爱绒,杨永康,段东.煤巷大厚度泥岩顶板围岩裂隙演化规律数值试验研究[J].太原理工大学学报,2011,42(3):248-251.

[52] 张向阳,任启寒,涂敏,等.潘一东矿近距离煤层上行开采围岩裂隙演化规律模拟研究[J].采矿与安全工程学报,2016,33(2):191-198.

[53] 邓鹏海,刘泉声,黄兴,等.水平层状软弱围岩破裂碎胀大变形机制有限元-离散元耦合数值模拟研究[J].岩土力学,2022,43(增刊2):508-523,574.

[54] MA G W, AN X M. Numerical simulation of blasting-induced rock fractures[J]. International journal of rock mechanics and mining sciences, 2008,45(6):966-975.

[55] WANG Z L,KONIETZKY H. Modelling of blast-induced fractures in jointed rock masses[J]. Engineering fracture mechanics,2009,76(12): 1945-1955.

[56] 邰成群,李旺,李祥龙. 裂隙岩体爆生裂纹扩展机理数值模拟研究[J]. 有色金属工程,2023,13(10):95-104.

[57] GRIFFITH A A. The phenomena of rupture and flow in solids[J]. Philosophical transactions of the royal society of London,Series A,1921,221: 163-198.

[58] HOEK E,BROWN E T. Underground excavations in rock[M]. London: Institution of Mining and Metallurgy,1980.

[59] 俞茂宏. 岩土类材料的统一强度理论及其应用[J]. 岩土工程学报,1994,16 (2):2-10.

[60] 俞茂宏,杨松岩,范寿昌,等. 双剪统一弹塑性本构模型及其工程应用[J]. 岩土工程学报,1997,19(6):3-10.

[61] 昝月稳,俞茂宏,王思敬. 岩石的非线性统一强度准则[J]. 岩石力学与工程学报,2002,21(10):1435-1441.

[62] 胡小荣,周洪华,胡昌斌. 双剪统一强度准则改进及其在岩土工程中的应用[J]. 岩土力学,2004,25(增刊2):97-102.

[63] 胡小荣. 双剪双参数统一强度准则改进式及其应用[J]. 煤炭学报,2005,30 (1):26-30.

[64] IRWIN G R. Analysis of stresses and strains near the end of a crack traversing a plate[J]. Journal of applied mechanics,1957,24(3):361-364.

[65] HORII H,NEMAT-NASSER S. Brittle failure in compression: splitting and brittle-ductile transition[J]. Philosophical transactions of the royal society of London,Series A,1986,319(3):337-374.

[66] KEMENY J,COOK N G W. Effective moduli,non-linear deformation and strength of a cracked elastic solid[J]. International journal of rock mechanics and mining sciences & geomechanics abstracts,1986,23(2): 107-118.

[67] SAMMIS C G,ASHBY M F. The failure of brittle porous solids under compressive stress[J]. Journal of applied mechanics,1988,55(4):66-74.

[68] AYATOLLAHI M R,ALIHA M R M. Fracture toughness study for a

brittle rock subjected to mixed mode Ⅰ/Ⅱ loading[J]. International journal of rock mechanics and mining sciences,2007,44(4):617-624.

[69] 谢和平.岩石材料的局部损伤拉破坏[J].岩石力学与工程学报,1988, 7(2):147-154.

[70] 张振南,葛修润.地震载荷作用下的节理岩体破裂模型[J].岩石力学与工程学报,2005,24(10):1645-1648.

[71] 王家臣,常来山,陈亚军.节理岩体边坡概率损伤演化规律研究[J].岩石力学与工程学报,2006,25(7):1396-1401.

[72] 刘刚.非连续岩体破裂机理及其工程稳定性研究[D].徐州:中国矿业大学,2006.

[73] 王国艳.采动岩体裂隙演化规律及破坏机理研究[D].阜新:辽宁工程技术大学,2010.

[74] 陈松,乔春生,叶青,等.基于摩尔-库仑准则的断续节理岩体复合损伤本构模型[J].岩土力学,2018,39(10):3612-3622.

[75] 冯强,徐龙威,刘炜炜,等.考虑剪切的常规态近场动力学模型及岩体裂隙扩展演化规律研究[J].金属矿山,2024(2):123-130.

[76] SHEMYAKIN E I,FISENKO G L,KURLENYA M. V,et al. Zonal disintegration of rocks around underground workings, Part Ⅱ:Rock fracture simulated in equivalent materials[J]. Journal of mining science, 1986,22(4):223-232.

[77] METLOV L S,MOROZOV A F,ZBORSHCHIK M P. Physical foundations of mechanism of zonal rock failure in the vicinity of mine working [J]. Journal of mining science,2002,38(2):150-155.

[78] REVA V N. Stability criteria of underground workings under zonal disintegration of rocks[J]. Journal of mining science,2002,38(1):31-34.

[79] 王明洋,宋华,郑大亮,等.深部巷道围岩的分区破裂机制及"深部"界定探讨[J].岩石力学与工程学报,2006,25(9):1771-1776.

[80] GUZEV M A,PAROSHIN A A. Non-euclidean model of the zonal disintegration of rocks around an underground working[J]. Journal of applied mechanics and technical physics,2001,42(1):131-139.

[81] QIAN Q H,ZHOU X P. Non-euclidean continuum model of the zonal disintegration of surrounding rocks around a deep circular tunnel in a non-

hydrostatic pressure state[J]. Journal of mining science, 2011, 47(1):
37-46.

[82] 宋韩菲. 深部岩体分区破裂化机理研究[D]. 重庆:重庆大学,2012.

[83] 陈昊祥,戚承志,李凯锐,等. 深部巷道围岩分区破裂的非线性连续相变模型研究[J]. 岩土力学,2017,38(4):1032-1040.

[84] 李英杰,潘一山,章梦涛. 高地应力围岩分区碎裂化的时间效应分析和相关参数研究[J]. 地质力学学报,2006,12(2):252-260.

[85] 周小平,钱七虎. 深埋巷道分区破裂化机制[J]. 岩石力学与工程学报,2007,26(5):877-885.

[86] 郭文章,王树仁,刘殿书,等. 节理岩体爆破损伤演化机理探讨[J]. 工程爆破,1998,4(2):7-10.

[87] 陈蕴生,马立新,李宁,等. 非贯通节理介质损伤演化分形特征分析[J]. 西安理工大学学报,2006,22(1):1-4.

[88] 唐晓军. 循环载荷作用下岩石损伤演化规律研究[D]. 重庆:重庆大学,2008.

[89] 殷志强. 高应力储能岩体动力扰动破裂特征研究[D]. 长沙:中南大学,2012.

[90] 陈国庆,陈毅,孙祥,等. 开放型岩桥裂纹贯通机理及脆性破坏特征研究[J]. 岩土工程学报,2020,42(5):908-915.

[91] 翟新献,赵晓凡,翟俨伟,等. 综放开采上覆巨厚砾岩层离层和断裂力学模型及其应用[J]. 中国矿业大学学报,2023,52(2):241-254.

[92] 李杭州,廖红建. 膨胀性泥岩的非线性强度变形特性试验研究[J]. 地下空间与工程学报,2007,3(1):19-22.

[93] 陈坤福. 深部巷道围岩破裂演化过程及其控制机理研究与应用[D]. 徐州:中国矿业大学,2009.

[94] 徐芝纶. 弹性力学简明教程[M]. 3 版. 北京:高等教育出版社,2002.

[95] 牛双建. 深部巷道围岩强度衰减规律研究[D]. 徐州:中国矿业大学,2011.

[96] LI C, NORDLUND E. Experimental verification of the Kaiser effect in rocks[J]. Rock mechanics and rock engineering,1993,26(4):333-351.

[97] SHKURATNIK V L, FILIMONOV Y L, KUCHURIN S V. Acoustic-emissive memory effect in coal samples under triaxial axial-symmetric compression[J]. Journal of mining science,2006,42(3):203-209.

[98] 纪洪广,张春瑞,张月征,等.岩石材料破裂过程中声发射信号的应力状态及能量演化研究[J].中国矿业大学学报,2024,53(2):211-223.

[99] 郎颖娴,梁正召,段东,等.基于 CT 试验的岩石细观孔隙模型重构与并行模拟[J].岩土力学,2019,40(3):1204-1212.

[100] 李兆霖,王连国,姜崇扬,等.基于实时 CT 扫描的岩石真三轴条件下三维破裂演化规律[J].煤炭学报,2021,46(3):937-949.

[101] RAYNAUD S,NGAN-TILLARD D,DESRUES J,et al. Brittle-to-ductile transition in Beaucaire marl from triaxial tests under the CT-scanner [J]. International journal of rock mechanics and mining sciences,2008, 45(5):653-671.

[102] 周子龙,常银,蔡鑫.不同加载速率下岩石红外辐射效应的试验研究[J]. 中南大学学报(自然科学版),2019,50(5):1127-1134.

[103] 张沛.基于数字图像相关方法的煤岩表面应变场及裂纹演化特征[J].煤炭技术,2024,43(4):52-56.

[104] 黄达,谭清,黄润秋.高应力卸荷条件下大理岩破裂面细微观形态特征及其与卸荷岩体强度的相关性研究[J].岩土力学,2012,33(增刊 2):7-15.

[105] 孟祥印,徐启航,肖世德,等.基于数字图像相关方法的亚像素位移迭代算法性能[J].光学学报,2024,44(3):137-154.

[106] 韩兴博,冯浩岚,何乔,等.数字图像测量技术及在隧道室内模型试验中的应用[J].同济大学学报(自然科学版),2023,51(9):1344-1351.

[107] 魏康,员方,董志强,等.基于标志点的多相机数字图像相关方法精度分析及土木工程中的应用[J].东南大学学报(自然科学版),2021,51(2):219-226.

[108] 施祎,杨晓光,苗国磊,等.基于数字图像相关方法微裂纹萌生试验研究[J].推进技术,2019,40(7):1606-1612.

[109] MA S P,XU X H,ZHAO Y H. The geo-dscm system and its application to the deformation measurement of rock materials[J]. International journal of rock mechanics and mining sciences,2004,41(3):411-412.

[110] REN W Z,GUO C M,PENG Z Q,et al. Model experimental research on deformation and subsidence characteristics of ground and wall rock due to mining under thick overlying terrane[J]. International journal of rock mechanics and mining sciences,2010,47(4):614-624.

[111] 孙卫春,王川婴,闵弘.数字钻孔摄像与钻孔 CT 层析成像测试试验[J].土木工程学报,2009,42(8):104-108.

[112] ISKANDER M,LIU J Y. Spatial deformation measurement using transparent soil[J]. Geotechnical testing journal,2010,33(4):314-321.

[113] 陈信华,林修锬,周苏.基于数字近景摄影测量的三维建模与虚拟现实技术[J].铁道勘察,2006,32(5):25-28.

[114] 唐正宗,梁晋,肖振中,等.用于三维变形测量的数字图像相关系统[J].光学 精密工程,2010,18(10):2244-2253.

[115] 王浩琛,冯东明,吴刚,等.基于三维激光点云的公路曲线桥梁三维形貌与变形测量[J].东南大学学报(自然科学版),2023,53(5):756-764.

[116] 潘济宇,张水强,苏志龙,等.基于数字图像相关的水下螺旋桨三维变形测量[J].光学学报,2021,41(12):108-116.

[117] 高富强,康红普,林健.深部巷道围岩分区破裂化数值模拟[J].煤炭学报,2010,35(1):21-25.

[118] 张晓君,靖洪文,郑怀昌.深部高应力巷道围岩破裂演化过程数值模拟[J].金属矿山,2009(1):33-36.

[119] 周拥军.基于未检校 CCD 相机的三维测量方法及其在结构变形监测中的应用[D].上海:上海交通大学,2007.

[120] 冯文灏.近景摄影测量:物体外形与运动状态的摄影法测定[M].武汉:武汉大学出版社,2002.

[121] FRASER C S. Some thoughts on the emergence of digital close range photogrammetry[J]. Photogrammetric record,1998,16(91):37-50.

[122] 郭献涛,黄腾,臧妻斌,等.基于最小二乘三维表面匹配算法的滑坡变形测量[J].岩土力学,2015,36(5):1421-1427.

[123] BULMER M H,FARQUHAR T,ROSHAN M. How to use fiducial-based photogrammetry to track large-scale outdoor motion[J]. Experimental techniques,2010,34(1):40-47.

[124] 杨朝辉.基于数码影像的土石方可视化计算系统的研制[J].工程勘察,2004,32(6):57-59.

[125] 潘济宇,张水强,苏志龙,等.基于数字图像相关的水下螺旋桨三维变形测量[J].光学学报,2021,41(12):108-116.

[126] 孙晓明,杨军,曹伍富.深部回采巷道锚网索耦合支护时空作用规律研究

[J].岩石力学与工程学报,2007,26(5):895-900.

[127] 崔洪章.深部巷道围岩变形破坏特征模拟研究及控制技术[D].太原:太原理工大学,2013.

[128] 刘锋珍.深部高应力巷道围岩稳定性数值模拟研究[D].青岛:山东科技大学,2005.